HOLT

GENTE, LUG

Y CAMBIO

Una introducción a los estudios mundiales

Spanish Edition

MAIN IDEA ACTIVITIES

FOR ENGLISH LANGUAGE LEARNERS AND SPECIAL-NEEDS STUDENTS

WITH ANSWER KEY

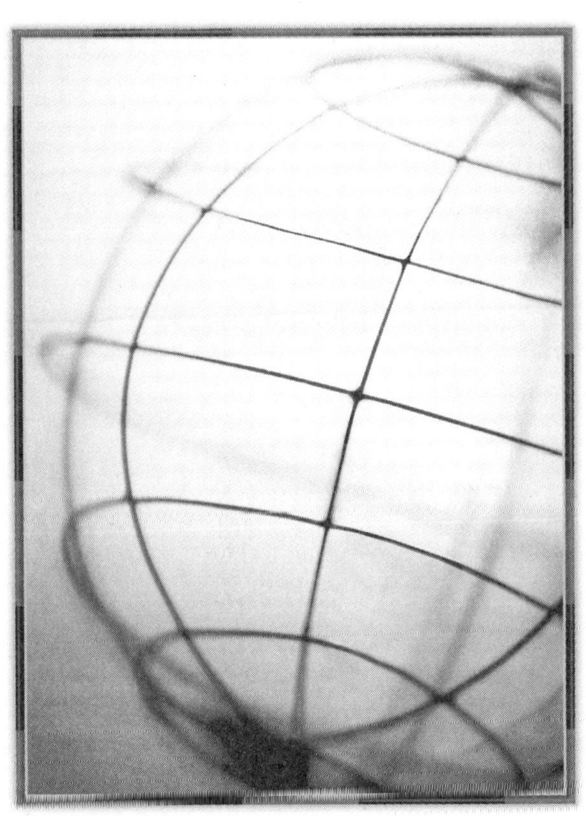

HOLT, RINEHART AND WINSTON

A Harcourt Education Company

Austin • Orlando • Chicago • New York • Toronto • London • San Diego

Cover: Jeff Greenberg/International Stock Photography

Front and Back Cover background, and Title Page: Artwork by Nio Graphics. Rendering based on photo by Stone/Cosmo and Condina.

Printed in the United States of America

ISBN 0-03-068217-7

1 2 3 4 5 6 7 8 9 179 04 03 02

CONTENIDO

CONTENIDO

Nombre ______________ Grupo ______________ Fecha ______________

El mundo del geógrafo

SECCIÓN 1

Vocabulario • Palabras que debes comprender:

- experiencias (3): cosas que se viven y se observan
- disposición (3): organización
- conectado (3): relacionado
- fronteras (4): límites
- construido (4): hecho o edificado
- cómodo (5): fácil
- costumbres (5): formas de hacer algo
- asegurar (5): conseguir; obtener

Identificar términos • Relaciona cada descripción con el término correcto de la derecha. Escribe la letra de la respuesta correcta en el espacio correspondiente.

_____ **1.** Punto de vista geográfico acerca de dónde y por qué se encuentra algo

_____ **2.** Relativo a las ciudades

_____ **3.** Comprensión personal basada en la experiencia

_____ **4.** Término que se usa para describir el terreno abierto en la agricultura

_____ **5.** Relativo a pequeño, cercano

_____ **6.** Mundial

_____ **7.** Relativo a una área grande, como África

a. urbano
b. global
c. perspectiva espacial
d. perspectiva
e. regional
f. rural
g. local

Revisar hechos • En cada caso, encierra la letra de la *mejor* opción.

1. Observar el patrón de las calles de una ciudad es un ejemplo de
a. tema global.
b. perspectiva espacial.
c. autopista.
d. interpretación regional.

2. Los geógrafos estudian todo lo siguiente, excepto
a. las moléculas.
b. las fronteras.
c. los gobiernos.
d. el tiempo.

3. Antes de investigar, un geógrafo debe primero
a. evaluar asuntos locales.
b. obtener la aprobación de los funcionarios.
c. definir el tamaño del área de estudio.
d. hacer un mapa.

4. ¿Cuál de los siguientes es un lugar local?

a. un país extranjero
b. una cordillera
c. el centro social más cercano
d. una autopista interestatal

5. Los asuntos globales por lo general implican

a. organizaciones geográficas.
b. investigación sobre problemas locales.
c. granjas y ranchos rurales.
d. relaciones entre las personas y su medio ambiente.

Clasificar temas • Junto a cada frase, escribe la letra del nivel correcto.

L: Local **R**: Regional **G**: Global

_____ **1.** Decidir en dónde construir una biblioteca en tu ciudad o pueblo

_____ **2.** Regular el comercio de petróleo entre los países

_____ **3.** Elegir en dónde enterrar un gasoducto en Alaska

_____ **4.** Investigar los cambios climáticos en todo el mundo

_____ **5.** Planear la moneda que usarán las naciones europeas

Comprender ideas • Responde las preguntas siguientes en los espacios correspondientes.

1. ¿Por qué es importante el estudio de la geografía? _____

_____

_____

_____

2. ¿Por qué los geógrafos se interesan en los cambios políticos? _____

_____

_____

_____

3. ¿Por qué la geografía regional facilita el estudio del mundo? _____

_____

_____

_____

Nombre ______________________ Grupo ______________ Fecha ____________

El mundo del geógrafo

SECCIÓN 2

Vocabulario • **Palabras que debes comprender:**

- señalar (6): localizar con precisión un punto
- habitantes (7): residentes
- fértil (8): capaz de producir frutos, verduras y otras plantas
- irrigar (8): emplear un sistema de riego
- migrar (9): desplazarse
- vegetación (10): plantas

Comprender ideas • **Completa la tabla con la descripción del lugar donde vives.**

Nombre del lugar: ____

Características físicas	Características sociales

Identificar términos • **Escribe en el espacio la palabra que completa correctamente cada oración.**

1. La ubicación ____________ ____________ puede señalarse mediante la latitud y la longitud.

2. Se construyen ____________ para contener la corriente de los ríos.

3. Ciertas conductas e ideas se extienden entre las culturas mediante un proceso denominado

____________________.

4. Los geógrafos dividen a las ______________________, como Asia, en regiones para estudiarlas con más facilidad.

5. La distancia, la dirección y el tiempo indican la ubicación ____________________.

6. Las ______________________ son cambios que hacen las personas para vivir en un medio ambiente determinado.

7. El Mundo en términos espaciales, los Lugares y regiones, los Sistemas físicos, los Sistemas humanos, el Medio ambiente y sociedad y los Usos de la geografía son ______________________ de la geografía.

Clasificar ejemplos • Escribe en cada flecha el número de cada ejemplo correspondiente a cada encabezado.

1. Los carros nuevos son transportados de un estado a otro en camiones especiales.

2. El conductor de un noticiero televisivo comenta el artículo de una revista.

3. Los habitantes de un pueblo de Guatemala se ven obligados a abandonar sus hogares por una inundación.

4. Un barco trae piñas de Hawai a California.

5. Una estudiante expresa su opinión en un sitio en Internet.

6. Un agricultor reubica a su familia y a su granja debido a una sequía.

Identificar lugares • Relaciona cada descripción con el lugar correcto de la derecha. Escribe la letra de la respuesta correcta en el espacio correspondiente.

_______ **1.** Plano en el este pero montañoso en el oeste.

_______ **2.** Su litoral cambia cada año.

_______ **3.** Se localizan en Alaska.

_______ **4.** Se desborda con frecuencia.

_______ **5.** Los fracasos en las cosechas ocasionaron la migración de las personas en los 1930s.

a. Islas Aleutianas

b. Colorado

c. Oklahoma

d. el sur de California

e. río Mississippi

Nombre ______________________ Grupo ______________ Fecha ______________

El mundo del geógrafo

SECCIÓN 3

Vocabulario • Palabras que debes comprender:

- distribución (11): disposición
- atmósfera (11): capa de aire que rodea a la Tierra
- ocupación (12): trabajo
- avalancha (13): masa de nieve y lodo que se desliza de una montaña
- pronosticar (13): predecir, empleando métodos científicos
- en peligro (13): amenazadas de extinción

Clasificar información • Completa la tabla escribiendo cada uno de los siguientes términos abajo del encabezado correcto.

climatólogo	desierto	montaña	geógrafo político
geógrafo economista	tornados	lenguaje	atmósfera
cartógrafo	geógrafo urbanista	océano	meteorólogo

Geografía humana	Geografía física

Distinguir entre oraciones verdaderas y falsas • En cada espacio escribe *V* si la oración es verdadera y *F* si es falsa.

_____ **1.** Los geógrafos no se interesan en las relaciones entre la geografía humana y la geografía física.

_____ **2.** En la mayoría de las ocupaciones no es necesario el conocimiento de la geografía.

_____ **3.** Algunos geógrafos se especializan en el estudio del medio ambiente.

_____ **4.** El pronóstico del tiempo no es parte de la ciencia de la geografía.

_____ **5.** Un reportero necesita saber geografía.

_____ **6.** El clima no influye en el relieve.

_____ **7.** Los cartógrafos y los geógrafos son quienes hacen y estudian los mapas.

_____ **8.** Los conductores de camiones no necesitan saber geografía.

Comprender términos • **Completa el diagrama de Venn definiendo el concepto de meteorología y climatología. En el centro del diagrama, escribe lo que sea común para ambas ciencias.**

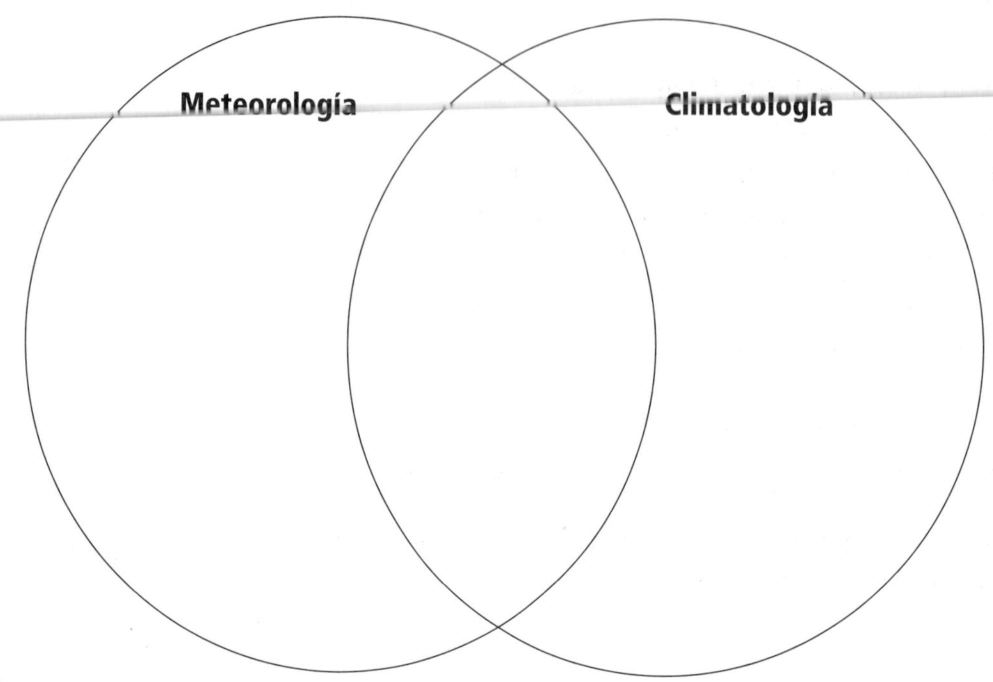

Comprender ideas • **Responde las preguntas en los espacios correspondientes.**

1. ¿Por qué la Organización de las Naciones Unidas contrata geógrafos? ______________________

____

____

2. Describe cómo se emplea en una profesión el conocimiento de la geografía. ______________

____

____

3. ¿Cómo puede el conocimiento de la geografía ayudar a salvar la vida de las personas? ______

____

____

4. ¿Cómo empleas el conocimiento de la geografía en tu vida diaria? ______________________

____

____

Nombre ______________ Grupo ______________ Fecha ______________

El planeta Tierra

SECCIÓN 1

Vocabulario • Palabras que debes comprender:

- asteroides (17): pequeños cuerpos rocosos
- elíptica (17): de forma ovalada
- artificial (18): falso, simulado; hecho por las personas
- transmitir (18): enviar
- influencia (18): efecto
- diámetro (18): ancho
- fracción (19): parte
- precipitación (20): lluvia, aguanieve, nieve, granizo
- ecuador (21): círculo imaginario alrededor de la Tierra

Describir cuerpos en el espacio • Escribe tres hechos acerca de los siguientes cuerpos en el espacio.

Luna

1. ______________

2. ______________

3. ______________

Sol

1. ______________

2. ______________

3. ______________

Tierra

1. ______________

2. ______________

3. ______________

Comprender ideas • Escribe en el espacio la palabra o frase que completa correctamente cada oración.

1. Los círculos Ártico y ______________ son los dos lugares más fríos de nuestro planeta.

2. El sistema ____________________ incluye al Sol y a los cuerpos que giran alrededor de él.

3. La ____________________ es el camino que un cuerpo recorre alrededor de otro.

4. Los equinoccios, los solsticios, la precipitación y la temperatura determinan las

____________________.

5. Una ____________________ es una vuelta completa de la Tierra en torno a su propio eje.

6. ____________________, la revolución y la rotación determinan la cantidad de energía solar que llega a la Tierra.

7. Cuando ocurre el solsticio de verano, los rayos del Sol chocan con el ____________________ de la Tierra.

8. Durante un ____________________, rayos verticales provenientes del Sol chocan con la Tierra a la mayor distancia del ecuador.

Reconocer causa y efecto • Para cada una de las frases siguientes, identifica tanto su causa como su efecto.

Causa		Efecto
1. Los rayos del Sol chocan con el ecuador directamente	**causan**	____________________.
2. ____________________	**causa**	el Sol sale y se oculta.
3. La revolución de la Tierra es de 365 días y medio	**causa**	____________________.
4. ____________________	**causa**	mareas del océano sobre la Tierra.
5. Las diferencias de la energía solar	**causan**	____________________.

Definir términos • Dibuja el sistema terrestre y divídelo en cuatro partes: la hidrosfera, la biosfera, la litosfera y la atmósfera. Rotula y define cada parte.

Nombre ______________________________ Grupo _________________ Fecha ________________

El planeta Tierra

SECCIÓN 2

Vocabulario • Palabras que debes comprender:

- invisible (23): que no puede verse
- circulación (23): movimiento de un lugar a otro
- gotitas (24): gotas muy pequeñas
- cavidades (25): hondonadas
- motorizado (25): movido gracias a un motor
- zona (25): área específica
- riesgos (26): peligros
- nutrientes (27): sustancias que mantienen la buena salud

Ordenar sucesos en secuencia • Numera los siguientes sucesos en el orden en que ocurren.

______ **1.** Las cabeceras se forman por escurrimientos.

______ **2.** Los ríos forman lagos.

______ **3.** El agua se junta a grandes alturas.

______ **4.** Los tributarios fluyen hacia las corrientes mayores o ríos.

______ **5.** El agua corre hacia los océanos.

Clasificar información • Completa la siguiente tabla escribiendo el número correspondiente a cada afirmación debajo del encabezado correcto.

1. Proceso mediante el cual el agua cambia de gas a gotitas

2. Nieve o aguanieve

3. Ocurre cuando el Sol calienta el agua de la superficie terrestre

4. Crea vapor de agua

5. Pesadas gotas caen a la Tierra

6. Produce gotas que se juntan y forman nubes

Evaporación	Condensación	Precipitación

Comprender ideas • Encierra la palabra o frase en negritas que completa *mejor* cada oración.

1. La cantidad total del agua de la Tierra **cambia / no cambia.**

2. Las inundaciones son los desastres naturales **más dañinos / menos dañinos** de la Tierra.

3. Las tormentas fuertes pueden provocar que el agua de los océanos **se aparte de / entre a** las zonas costeras.

4. El abastecimiento de agua en un lugar **limita / no limita** el número de seres vivos que pueden sobrevivir en él.

5. La contaminación **amenaza / construye** el fondo marino.

Revisar hechos • En cada caso, encierra la letra de la *mejor* opción.

1. ¿Cómo se llama la circulación del agua de la superficie terrestre a la atmósfera y viceversa?
   a. el proceso solar
   b. la plataforma continental
   c. el sistema terrestre
   d. el ciclo del agua

2. El agua en forma de gas invisible en el aire se llama
   a. precipitación.
   b. nieve derretida.
   c. vapor de agua.
   d. gotitas de agua.

3. Los embalses se crean por
   a. ríos con represas.
   b. tierras bajas.
   c. sales y minerales.
   d. tributarios.

4. Los pozos son hoyos profundos que alcanzan
   a. costas.
   b. tributarios.
   c. agua subterránea.
   d. cabeceras.

5. ¿Qué es la plataforma continental?
   a. un tipo de precipitación
   b. una zona de aguas bajas
   c. una área de condensación
   d. una sequía anual

6. Tanto cabeceras como tributarios son tipos de
   a. océanos.
   b. evaporación.
   c. agua superficial.
   d. lecho marino.

Nombre ______________________ Grupo ______________ Fecha ______________

El planeta Tierra

SECCIÓN 3

Vocabulario • Palabras que debes comprender:

- elevado (28): levantado
- denso (29): relleno, abarrotado
- fosa (29): surco profundo; cuneta, foso
- destrucción (29): daño
- aplastarse (29): chocar unos con otros
- expandir (31): extender
- disolver (31): descomponer; desintegrar, liquidar
- extraño (32): raro o poco común
- barranco (32): grandes y profundas cavidades formadas por las corrientes de agua
- dunas (33): montones de material arrastrado por el viento, generalmente arena

Organizar ideas • Nombra y define cada parte de la Tierra.

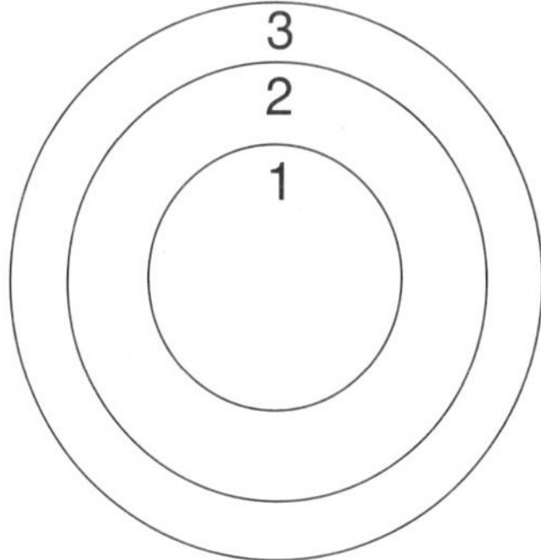

1. Nombre: ______________________________

Definición: ______________________________

____

2. Nombre: ______________________________

Definición: ______________________________

____

3. Nombre: ______________________________

Definición: ______________________________

____

Clasificar ejemplos • Junto a cada ejemplo, escribe la letra del accidente geográfico correcto.

P: accidente geográfico primario **S**: accidente geográfico secundario

_____ **1.** Cadena montañosa

_____ **2.** Cueva

_____ **3.** Delta

_____ **4.** Gran cordillera oceánica

_____ **5.** Abanico aluvial

Comprender procesos • Completa la tabla siguiente identificando y definiendo cada tipo de movimiento de las placas tectónicas.

----➤ ◄----	----➤ ◄----	◄---- ----➤
Tipo de movimiento: **Descripción:**	**Tipo de movimiento:** **Descripción:**	**Tipo de movimiento:** **Descripción:**

Identificar términos • Relaciona cada descripción de abajo con el término correcto de la derecha. Escribe la letra de la respuesta correcta en el espacio correspondiente.

_____ **1.** Movimiento repentino y violento a lo largo de una fractura de la corteza terrestre

_____ **2.** Roca fundida en el interior de la Tierra

_____ **3.** Una placa tectónica pesada se mueve abajo de una más pequeña

_____ **4.** Teoría acerca de las fuerzas que bajan, elevan y vuelven accidentada la superficie terrestre

_____ **5.** Magma que alcanza la superficie terrestre

_____ **6.** Enormes masas de tierra del planeta

_____ **7.** Primer supercontinente

_____ **8.** Crea sedimentos

_____ **9.** Grandes masas de hielo en movimiento lento

_____ **10.** Se crean cuando las inundaciones depositan sedimentos

a. lava

b. placas tectónicas

c. Pangaea

d. terremoto

e. subducción

f. glaciares

g. magma

h. llanura aluvial

i. continentes

j. desgaste

Nombre ______________________ Grupo ______________ Fecha ______________

CAPÍTULO 3

El viento, el clima y el medio ambiente

SECCIÓN 1

Vocabulario • Palabras que debes comprender:

- temperatura (37): medida de la cantidad de calor
- hemisferio (37): mitad de la Tierra
- invernadero (38): construcción de vidrio donde pueden crecer plantas
- cúbico (39): que tiene el volumen de un cubo
- inestable (40): variable; que cambia
- predominante (40): superior; más frecuente

Distinguir entre oraciones verdaderas y falsas • En cada espacio, escribe *V* si la oración es verdadera y *F* si es falsa.

______ **1.** La Tierra pierde más energía de la que recibe.

______ **2.** El Sol calienta nuestro planeta de manera uniforme.

______ **3.** Una parte de la energía de la Tierra se almacena.

______ **4.** Grandes cantidades de energía son absorbidas hacia el núcleo terrestre.

______ **5.** Cada año, las temperaturas de la Tierra se mantienen más o menos iguales.

______ **6.** El efecto invernadero conlleva la pérdida de calor.

______ **7.** El suelo y el agua no pueden almacenar calor.

______ **8.** El aire puede almacenar calor.

______ **9.** Toda la energía de la Tierra proviene del Sol.

______ **10.** La energía calorífica se guarda en los edificios y en el suelo.

Comprender ideas • Encierra la palabra o la frase en negritas que completa *mejor* cada oración.

1. Las regiones subpolares tienen **baja** / **alta** presión atmosférica.

2. El polo Norte tiene **baja** / **alta** presión atmosférica.

3. La zona alrededor del ecuador tiene **baja** / **alta** presión atmosférica.

4. El polo Sur tiene **baja** / **alta** presión atmosférica.

5. Las regiones subtropicales tienen **baja** / **alta** presión atmosférica.

Identificar vientos • Escribe el nombre correcto del viento que corresponda a su descripción. Elige tus respuestas de la lista siguiente. Algunas respuestas pueden emplearse más de una vez.

vientos predominantes   vientos del oeste   vientos alisios

_______________ **1.** Vientos más comunes en Estados Unidos

_______________ **2.** Sopla en la misma dirección en grandes áreas de la Tierra

_______________ **3.** Empleado por los marineros para navegar de Europa hacia América

_______________ **4.** Sopla del oeste en las latitudes medias

_______________ **5.** Sopla en las regiones subtropicales

_______________ **6.** Sopla del nordeste en el hemisferio norte

Revisar hechos • En cada caso, encierra la letra de la *mejor* opción.

1. ¿Qué son los vientos globales?
- **a.** vientos que se forman de brisas locales
- **b.** vientos creados de peligrosos tornados
- **c.** vientos que mueven energía calorífica y viento alrededor del mundo
- **d.** vientos que soplan alrededor del globo

2. El barómetro es un(a)
- **a.** termómetro que muestra la temperatura del aire.
- **b.** método para calcular la velocidad del viento.
- **c.** corriente de aire bajo fuerte presión.
- **d.** instrumento que mide la presión atmosférica.

3. ¿Cuál de las siguientes palabras describen un frente?
- **a.** inestable
- **b.** tranquilo
- **c.** tropical
- **d.** cúbico

4. ¿Qué son las calmas ecuatoriales?
- **a.** un cinturón de baja presión
- **b.** una área cercana al ecuador donde soplan pocos vientos
- **c.** un viento global que ocurre durante el invierno
- **d.** un patrón climático ocasionado por un frente

5. La presión atmosférica es
- **a.** lo largo del aire.
- **b.** la altura del aire.
- **c.** el peso del aire.
- **d.** la profundidad del aire.

6. ¿Cómo viaja la corriente oceánica cálida de los trópicos hacia las zonas más frías?
- **a.** en las mareas
- **b.** en círculos
- **c.** en vientos del oeste
- **d.** en corrientes

Nombre ______________________ Grupo ______________ Fecha ______________

El viento, el clima y el medio ambiente

SECCIÓN 2

Vocabulario • Palabras que debes comprender:

- montón (44): grandes cantidades
- chocar (44): estrellarse uno con otro
- vegetación (45): las plantas o vida vegetal
- arbusto(48): árbol chaparro, matorral, breña o maleza
- caduco (48): que tiene hojas que se caen
- conífera (48): que tiene hojas en forma de agujas, siempre verdes
- boreal (o taiga) (49): bosque de coníferas en el hemisferio norte

Describir climas • Completa la segunda y la tercera columnas de la siguiente tabla, escribiendo las características de cada clima. Anota cuando menos una en cada columna.

Tipo de clima	**Categoría** (ejemplos: latitud baja, latitud media, latitud alta, en todas las latitudes)	**Descripción** (principales patrones de tiempo, temperatura, precipitación, tormentas, luz solar, vida natural animal y vegetal)
1. húmedo tropical		
2. sabana tropical		
3. desértico		
4. de estepa		
5. mediterráneo		
6. húmedo subtropical		
7. marítimo de la costa oeste		
8. húmedo continental		
9. subártico		
10. de tundra		
11. de casquete polar		
12. de montaña		

Identificar climas • Relaciona cada lugar de la columna de la izquierda con su clima correspondiente en la columna de la derecha. Escribe la letra de la respuesta correcta en el espacio correspondiente. Algunos tipos de clima pueden aparecer más de una vez o no utilizarse en tus respuestas.

_____ **1.** Áreas costeras del norte de África

_____ **2.** La India

_____ **3.** El sudeste de Estados Unidos

_____ **4.** Los bosques tropicales de Indonesia

_____ **5.** Las Grandes Planicies de Estados Unidos

_____ **6.** El sudeste de Canadá

_____ **7.** Las áreas interiores de Asia, lejos del océano

_____ **8.** Gran parte del oeste de Europa

_____ **9.** Regiones polares

_____ **10.** Gran parte del sur de Europa

a. de estepa

b. húmedo continental

c. húmedo tropical

d. húmedo subtropical

e. mediterráneo

f. marítimo de la costa oeste

g. subártico

h. de tundra

i. de casquete polar

j. de montaña

Comprender ideas • Escribe en el espacio la palabra o frase que completa correctamente cada oración.

1. El área seca de la ladera de una montaña se llama ______________________.

2. ______________________ consiste en patrones de tiempo que se pueden rastrear durante periodos prolongados.

3. ______________________ tienen clima montañoso.

4. Sólo plantas fuertes, como los líquenes, pueden sobrevivir en el clima de ______________________.

5. Los climas de latitudes bajas están cercanos al ______________________.

6. Una región ______________________ recibe muy poca lluvia.

7. ______________________ es una capa de suelo que permanece congelada durante todo el año.

8. ______________________ son cambios estacionales de precipitación y corrientes de viento en climas húmedos tropicales.

9. El clima de ______________________ se localiza entre el clima húmedo y las regiones desérticas.

10. ______________________ se refiere a las condiciones atmosféricas en una área específica o local durante un breve periodo de tiempo.

Nombre ______________________ Grupo ______________ Fecha ______________

El viento, el clima y el medio ambiente

SECCIÓN 3

Vocabulario • Palabras que debes comprender:

- examinar (51): estudiar; investigar; analizar
- compuestos (51): mezclas de dos o más elementos
- indirectamente (51): no directamente; con rodeos
- reproducir (52): aparearse y tener descendencia
- fomentar (52): animar
- escasez (53): deficiencia de; falta de
- permanente (54): duradero

Describir un proceso • Completa el siguiente diagrama de flujo de una cadena alimenticia. En cada cuadro, anota el nombre de una planta o de un animal, y describe lo que ocurre.

Clasificar información • Junto a cada frase, escribe la letra del tipo de suelo correcto.

C: Capa superficial **S:** Subsuelo **R:** Roca fragmentada

_____ **1.** Área que está inmediatamente debajo de la superficie del suelo

_____ **2.** Gradualmente se fragmenta hasta convertirse en suelo

3. Contiene las raíces profundas de las plantas

_____ **4.** Contiene humus

_____ **5.** Es una capa intermedia de suelo

_____ **6.** Mantiene a los insectos

Reconocer causa y efecto • En cada caso, identifica la causa o el efecto.

Causa		Efecto
1. Insectos	**causa**	forman espacios aéreos en el ____________________.
2. ____________________	**causa**	pérdida de superficie del suelo.
3. Precipitaciones y temperaturas moderadas	**causa**	hacen crecer ____________________ comunidades vegetales.
4. ____________________	**causa**	nutrientes para disolverse.
5. Ambientes extremos	**causa**	Se desarrollan comunidades de tipo ____________________.

Organizar ideas • Responde las siguientes preguntas en los espacios correspondientes.

1. ¿Cuál es la diferencia entre comunidades vegetales y sucesión vegetal? ____________________

____

____

2. ¿Cómo se forma el humus? ____________________

____

____

3. ¿Cuáles son las partes de un ecosistema? ____________________

____

____

4. ¿Por qué un incendio forestal fomenta la sucesión vegetal? ____________________

____

____

5. ¿Cuál es el propósito de la fotosíntesis? ____________________

____

____

Nombre ______________________ Grupo ______________ Fecha ______________

Los recursos de la Tierra

SECCIÓN 1

Vocabulario • Palabras que debes comprender:

- nutrir (59): alimentar con sustancias que fomenten la vida
- fertilizantes (59): alimento para plantas
- canales (60): caminos artificiales para que corra el agua
- contrachapado (61): material hecho con capas delgadas de pegamento y madera prensada
- rayón (61): material hecho de madera, empleado para fabricar telas
- trementina (61): resina incolora empleada para barnices, pinturas y medicinas

Organizar ideas • Completa la siguiente tabla explicando el significado de cada término o frase en la columna de la derecha.

Proceso que amenaza la fertilidad del suelo	Explicación
Pérdida de nutrientes	
Salinidad del suelo	
Erosión	
Pérdida de tierras cultivables	

Clasificar información • Junto a cada frase, escribe la letra del concepto correcto.

R: Reforestación **D**: Deforestación

______ **1.** Usar tierras cultivables para la industria

______ **2.** Sembrar árboles artificialmente

______ **3.** Construir un desarrollo habitacional en un bosque

______ **4.** Aprobar leyes que protejan los bosques

______ **5.** Talar un bosque para plantar cultivos

______ **6.** Contaminación industrial

______ **7.** Plantar árboles jóvenes

______ **8.** Proteger áreas naturales de bosques

Comprender ideas • Escribe en el espacio la palabra o frase que completa correctamente cada oración.

1. El proceso a largo plazo de pérdida de la fertilidad de la tierra y de la vida vegetal se llama

____________________.

2. ____________________ está constituido por humus, agua, partículas de roca y gases.

3. Maderos y tablillas son productos que vienen de ____________________.

4. El potasio, el calcio, el nitrógeno y el fósforo son importantes ____________________ porque hacen que el suelo sea fértil.

5. ____________________ son valiosos porque proporcionan refugio y comida a la vida silvestre y a las personas.

6. ____________________ está ocurriendo en los bosques de América Central y del Sur, Asia y África.

7. ____________________ implica el crecimiento de cultivos diferentes en el mismo suelo por un periodo de varios años.

8. Para prevenir que el suelo sea deslavado o arrasado, algunos agricultores siembran hileras de árboles y construyen ____________________ en las laderas.

9. El primer ____________________ usado por los agricultores fue el estiércol.

10. Los recursos ____________________ pueden ser reemplazados por los procesos naturales de la Tierra.

11. ____________________ del suelo está causada por una buena evaporación.

12. Algunos plásticos, el mobiliario y el celofán son productos manufacturados que usan

____________________.

Nombre ______________________ Grupo ______________ Fecha ______________

Los recursos de la Tierra

SECCIÓN 2

Vocabulario • Palabras que debes comprender:

- conservar (62): prevenir que algo no se pierda, se desperdicie o se dañe
- purificar (63): quitar la contaminación o las impurezas
- ajardinar (63): cambios en un paisaje natural que lo hacen mas atractivo
- ultravioleta (64): radiación electromagnética con una longitud de onda menor que la de la luz violeta

Organizar ideas • Responde las siguientes preguntas en el espacio correspondiente.

1. ¿Cuáles son tres maneras en que se obtiene agua dulce? ______________________

____

____

2. ¿Cuáles son dos formas de conservar el agua? ______________________

____

____

3. ¿Qué altera la calidad del agua? ______________________

____

____

4. ¿Por qué son importantes la cantidad y la calidad del agua? ______________________

____

____

Describir un proceso • Completa el siguiente diagrama de flujo describiendo cómo la contaminación de una fábrica de tierra adentro puede llegar al mar y perjudicar a las personas. En cada rectángulo explica lo que ocurre.

una fábrica de tierra adentro desecha sustancias químicas en un río	→		→		→	

Revisar hechos • En cada caso, encierra la letra de la *mejor* opción.

1. ¿Qué es el smog?
- **a.** un agujero en la capa de ozono
- **b.** contaminación producida por lluvia ácida
- **c.** una mezcla de sustancias químicas en el aire
- **d.** una manera de quitar sal del agua

2. ¿Cómo protege la capa de ozono a los seres vivos?
- **a.** absorbiendo los rayos ultravioleta
- **b.** bloqueando la lluvia ácida
- **c.** incrementando el calentamiento global
- **d.** produciendo gases saludables

3. Los acuíferos se encuentran
- **a.** en tierra subterránea.
- **b.** en lo alto de la atmósfera.
- **c.** en las cumbres de las montañas.
- **d.** en el núcleo de la Tierra.

4. ¿Por qué la contaminación del aire es un problema mundial?
- **a.** la lluvia ácida transporta ozono a diversos países
- **b.** el smog puede cubrir un país entero
- **c.** los líderes del mundo se niegan a tratar el problema
- **d.** los vientos pueden llevar la contaminación a todo el mundo

5. Los cultivos, el pastoreo de ganado y los desarrollos habitacionales en áreas áridas y semiáridas amenazan
- **a.** el vapor de agua en la atmósfera.
- **b.** la calidad de los rayos ultravioleta.
- **c.** las reservas de agua.
- **d.** la transportación de combustible.

6. Los científicos no están de acuerdo acerca de
- **a.** el contenido de la lluvia ácida.
- **b.** la causa del calentamiento global.
- **c.** el diseño de los acueductos.
- **d.** la construcción de plantas desalinizadoras.

7. ¿Qué forma la lluvia ácida?
- **a.** el ácido combinado con fuertes vientos
- **b.** la deforestación en Canadá
- **c.** la contaminación ocasionada por drenajes abiertos
- **d.** la contaminación del aire mezclada con la humedad del aire

8. El calentamiento global se debe
- **a.** a rápidos cambios en la energía global.
- **b.** a un lento incremento en la temperatura promedio de la Tierra.
- **c.** al calor en el núcleo del planeta.
- **d.** a la disminución de las reservas de agua.

Nombre ______________________ Grupo ______________ Fecha ______________

Los recursos de la Tierra

Sección 3

Vocabulario • **Palabras que debes comprender:**

- inorgánico (65): que no está hecho ni de seres vivos ni de sus restos
- fabricado (65): elaborado por una máquina o a mano pero a gran escala
- cristalino (65): que tiene la estructura del cristal; claro
- conducir (65): llevar o transmitir
- precioso (65): raro o costoso
- brillante (66): resplandeciente; destellante

Clasificar minerales • **Completa la tabla escribiendo el nombre de cada uno de los siguientes minerales en el encabezado correcto.**

esmeraldas	aluminio	cobre
diamantes	zafiros	hierro
oro	cuarzo	talco
platino	plata	rubíes

Minerales no metálicos	Minerales metálicos

Observar correspondencias • **En cada espacio, escribe el nombre de un producto que pueda hacerse del mineral correspondiente.**

1. Oro ______________________

2. Cobre ______________________

3. Hierro ______________________

4. Aluminio ______________________

5. Plata ______________________

Identificar términos • **Relaciona las descripciones de la izquierda con los términos de la derecha. Escribe la letra de la respuesta correcta en el espacio correspondiente.**

_____ **1.** Mineral empleado para blanquear frutas secas y hacer baterías

_____ **2.** Mineral duro valioso por su uso industrial

_____ **3.** Composición química definida, inorgánica, natural y cristalina

_____ **4.** No puede ser reemplazado por procesos naturales o lo es pero muy lentamente; debe reciclarse

_____ **5.** Mineral que mantiene a los animales y a las personas saludables

_____ **6.** Metal suave empleado para fabricar monedas

_____ **7.** Uno de los metales más pesados

_____ **8.** Mineral metálico que es líquido a temperatura ambiente

_____ **9.** Rubíes, esmeraldas y zafiros

_____ **10.** Puede combinarse con otros minerales para hacer acero

a. propiedades de los minerales

b. oro

c. hierro

d. cobre

e. sal

f. recursos no renovables

g. mercurio

h. piedras preciosas

i. azufre

j. diamante

Nombre ______________________ Grupo ______________ Fecha ______________

Los recursos de la Tierra

SECCIÓN 4

Vocabulario • Palabras que debes comprender:
- crudo (68): bruto, natural; sin refinar
- lazo (70): vínculo, conexión
- turbina (70): sistema de aspas de ventilador movidas por el viento
- transformación (71): cambio

Clasificar información • Completa la tabla siguiente escribiendo el número de cada descripción abajo del encabezado correcto. Algunas descripciones se aplican para más de un encabezado.

1. Más de la mitad se localiza en el Sudoeste Asiático
2. Es el combustible fósil más limpio
3. Hay grandes depósitos en China, Estados Unidos, Rusia y Australia
4. Se emplea para fabricar acero y para que trabajen las fábricas
5. Se procesa en refinerías
6. Se forma por los restos antiguos de plantas y animales
7. Recurso no renovable
8. La manera en la que se quema ha mejorado
9. Hay grandes yacimientos en Canadá, Rusia y el Sudoeste Asiático
10. Líquido aceitoso

Carbón	Petróleo	Gas natural

Organizar ideas • Explica cómo pueden utilizarse los siguientes recursos en la producción de energía.

1. Agua ____
____
____

2. Viento ____

____

____

3. Calor interno de la Tierra ____

____

____

4. Sol ____

____

____

Distinguir un hecho de una opinión • En cada espacio, escribe *H* si la oración es un hecho y *O* si es una opinión.

______ **1.** La energía nuclear produce desechos que son peligrosos durante años.

______ **2.** Dinamarca y Nueva Zelanda, sabiamente, no utilizan la energía nuclear.

______ **3.** Emplear la energía nuclear reduce la dependencia de un país hacia el petróleo importado.

______ **4.** Varias plantas de energía nuclear han tenido accidentes.

______ **5.** Las plantas de energía nuclear deberían prohibirse.

______ **6.** Lituania, Francia, Bélgica, Ucrania y Suecia emplean energía nuclear para la mayoría de sus necesidades energéticas.

______ **7.** El riesgo de accidentes graves en las plantas nucleares es peligrosamente alto.

______ **8.** Los desechos nucleares deben almacenarse en zonas no habitadas.

______ **9.** Las granjas ubicadas en la misma dirección del viento después del accidente nuclear de Chernobyl tuvieron que ser abandonadas.

______ **10.** Las demandas de energía nuclear deben fomentarse porque es una fuente de energía mucho más limpia que los combustibles fósiles.

Nombre ______________________ Grupo ______________ Fecha ______________

La población mundial

SECCIÓN 1

Vocabulario • Palabras que debes comprender:

- enfatizar (75): otorgar importancia especial a algo
- antepasados (75): personas de las cuales alguien desciende
- conquistado (78): vencido; dominado
- irradiar (79): extenderse en líneas rectas desde un centro
- emigrado (79): desplazado
- desecho (79): basura; desperdicio
- excedente (80): adicional; sobrante

Identificar términos • Relaciona cada descripción con el término correcto de la derecha. Escribe la letra de la respuesta correcta en el espacio correspondiente.

_____ **1.** Comparten una cultura, incluidos su lenguaje, comida, religión y sus fiestas tradicionales

_____ **2.** Elementos de cultura como vestido, comida o creencias religiosas

_____ **3.** Determinada por los rasgos físicos o biológicos heredados

_____ **4.** Sistema aprendido de creencias compartidas y de modos de hacer cosas que guían el comportamiento de las personas

_____ **5.** Cambios culturales importantes determinados por el contacto duradero con otra sociedad

_____ **6.** Muchas personas de diferentes culturas que viven en un país

a. multicultural
b. aculturación
c. rasgos culturales
d. cultura
e. raza
f. grupo étnico

Clasificar información • Junto a cada frase, escribe la letra de la categoría correcta.

H: Histórico A: Ambiental

_____ **1.** Una cultura basada en una característica física, como un volcán

_____ **2.** La influencia de colonizadores en otra cultura

_____ **3.** Culto a los espíritus de las montañas, como en Japón, los Andes y otras regiones

_____ **4.** Un país conquistado afecta la cultura del país conquistador

_____ **5.** Las personas que practican una religión declarada ilegal por el país conquistador

_____ **6.** Las ciudades chinas planeadas de acuerdo con la orientación de los cuatro puntos cardinales

Describir procesos • En el siguiente diagrama de flujo describe cómo ha influido la agricultura en la cultura a lo largo de la historia. Empieza con una descripción de la domesticación.

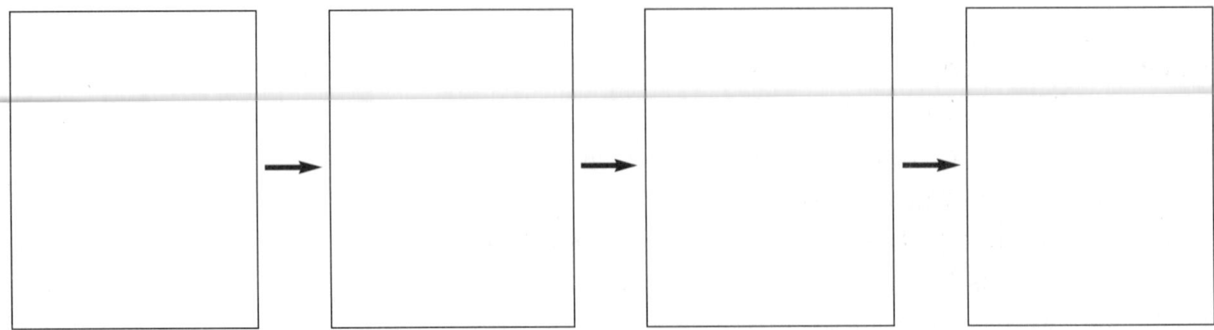

Identificar símbolos • Identifica cada uno de los siguientes símbolos y explica para qué sirven en nuestra cultura.

1. ____________________

2. ____________________

3. ____________________

Nombre ______________________________ Grupo __________________ Fecha ________________

La población mundial

SECCIÓN 2

Vocabulario • Palabras que debes comprender:

- agreste (81): desigual; áspero; severo
- generalizaciones (82): ideas o afirmaciones generales
- aserradero (83): fábrica donde cortan los árboles en tablas
- administradores (84): funcionarios o personal ejecutivo que tiene una función dirigente
- telecomunicaciones (84): comunicaciones transmitidas electrónicamente

Revisar hechos • Encierra la palabra en negritas que completa *mejor* cada oración.

1. Australia tiene **baja** / **alta** densidad de población.

2. El desierto del Sahara tiene **baja** / **alta** densidad de población.

3. Las grandes ciudades tienen **baja** / **alta** densidad de población.

4. El valle de Huang He en China tiene **baja** / **alta** densidad de población.

5. Japón tiene **baja** / **alta** densidad de población.

6. Alaska tiene **baja** / **alta** densidad de población.

7. El valle del río Nilo en Egipto tiene **baja** / **alta** densidad de población.

8. Lagos, Nigeria, tiene **baja** / **alta** densidad de población.

9. Los sumits de las altas montañas tienen **baja** / **alta** densidad de población.

10. Londres, Inglaterra, tiene **baja** / **alta** densidad de población.

Distinguir entre oraciones verdaderas y falsas • En cada espacio escribe *V* si la oración es verdadera o *F* si es falsa.

______ **1.** Los países desarrollados tienen una industria secundaria, terciaria y cuaternaria débil.

______ **2.** Muchas personas en los países en desarrollo trabajan en la agricultura.

______ **3.** Los países en desarrollo tienen excelentes servicios de salud.

4. Los países desarrollados tienen un alto índice de alfabetización.

______ **5.** Dos terceras partes de la población mundial viven en países en desarrollo.

______ **6.** La gente de los países desarrollados no tiene acceso a las telecomunicaciones.

_______ **7.** Las ciudades de muchos países en desarrollo están llenas de gente pobre.

_______ **8.** La mayoría de las personas en los países desarrollados vive en granjas.

_______ **9.** La gente en los países en desarrollo con frecuencia no tiene acceso a los servicios de salud.

_______ **10.** Algunos países en desarrollo han tenido recientemente un importante progreso económico.

_______ **11.** Los países en desarrollo tienen un producto interno bruto (PIB) alto.

_______ **12.** Los países desarrollados tienen un producto nacional bruto (PNB) alto.

_______ **13.** La mayoría de los países desarrollados tiene un sistema de gobierno comunista.

_______ **14.** La mayoría de los países limita un poco su economía.

_______ **15.** La mayoría de los países desarrollados estimula la libre empresa.

Organizar ideas • Completa la siguiente tabla, define y da un ejemplo para cada término.

Tipo de industria	Definición	Ejemplo
Industria primaria		
Industria secundaria		
Industria terciaria		
Industria cuaternaria		

La población mundial

Sección 3

Vocabulario • Palabras que debes comprender:

- impedimento (87): contener; ponerse en el camino de
- [illegible] (87): usar demasiado; debilitarse
- vasto (88): de tamaño muy grande
- generalizado (89): que ocurre en una área muy grande
- invadir (89): entrar por la fuerza
- capturar (89): tomar por la fuerza

Clasificar información • Completa la siguiente tabla escribiendo el nombre de cada artículo abajo del encabezado correcto.

1. Con frecuencia causa una pobreza generalizada

2. Obliga a muchos países a usar en exceso sus recursos naturales

3. Puede crear una gran población de personas mayores

4. Generalmente disminuye la capacidad de un país de proporcionar empleos y educación

5. No hay suficiente población joven para sustituir a los que mueren

6. Cuidado inadecuado de la salud para los ciudadanos

7. Falta de jóvenes que ingresen en la fuerza de trabajo

8. Característico de los países más pobres del mundo

Altas tasas de crecimiento de la población	Bajas tasas de crecimiento de la población

Distinguir un hecho de una opinión • En cada espacio, escibe *H* si la oración es un hecho y *O* si es una opinión.

______ **1.** Sin duda los científicos descubrirán nuevos recursos de energía.

______ **2.** Los seres humanos usarían con más precaución los recursos no renovables.

______ **3.** La cantidad de tierra para la agricultura está disminuyendo.

______ **4.** En el futuro las personas reciclarán más.

______ **5.** El Sol es un enorme recurso de energía renovable.

______ **6.** La Tierra ya está sobrepoblada.

______ **7.** Las naciones ricas no siempre comparten con las naciones pobres.

______ **8.** Siempre habrá agua fresca y limpia para todos.

______ **9.** La población está dañando el suelo, la atmósfera y las masas de agua.

______ **10.** Semillas especiales y nuevos fertilizantes permiten a los agricultores producir más alimentos que en cualquier otra época de la historia.

Revisar hechos • En cada caso, encierra la letra de la *mejor* opción.

1. El mayor número de individuos que puede soportar una área se llama
a. comunismo.
b. aculturación.
c. capacidad de carga.
d. demografía.

2. Los seres humanos han podido sobrevivir en ambientes hostiles gracias a su
a. multiculturalismo.
b. tecnología.
c. libre empresa.
d. difusión.

3. Las poblaciones de los países desarrollados están haciendo todo lo siguiente, excepto
a. reducirse.
b. mantenerse igual.
c. crecer muy lentamente.
d. crecer rápidamente.

4. ¿Qué hacen los países con escasos recursos para sobrevivir?
a. Estimulan sus industrias primarias.
b. Intercambian recursos con otros países.
c. Disminuyen la agricultura de subsistencia.
d. Les piden a los ciudadanos que trabajen duro.

5. ¿Cuál país es el líder mundial en manufactura, a pesar de que tiene pocos recursos de energía?
a. África
b. Arabia Saudita
c. Japón
d. Estados Unidos

6. ¿Cuál es un resultado negativo posible de la escasez de recursos naturales?
a. conflictos militares
b. economías de libre empresa
c. difusión de la civilización
d. gobiernos democráticos

Nombre ______________________ Grupo ______________ Fecha ______________

Estados Unidos

SECCIÓN 1

Vocabulario • Palabras que debes comprender:

- edad de hielo (108): periodo en que los glaciares cubrieron la mayor parte de la Tierra
- elevación (109): altura
- ampliar (112): alcanzar, extender
- ventiscas (110): tormentas de nieve cegadoras

Clasificar información • Completa la tabla siguiente escribiendo el número de cada frase abajo del encabezado correcto.

1. cordillera de la Cascada

2. montañas Rocosas

3. monte McKinley

4. lagos Michigan, Superior, Hurón, Erie y Ontario

5. divisoria continental

6. montes Apalaches

7. islas Aleutianas

8. ríos Mississippi, Missouri y Ohio

9. islas del océano Pacífico

10. llanura costera

11. Grandes llanuras

12. Gran Cuenca

Este	Interior	Oeste	Hawai	Alaska

Identificar climas • Encierra la palabra en negritas que completa *mejor* cada oración.

1. El sur de Florida tiene un clima de **sabana tropical** / **estepa.**
2. Gran parte del sudoeste de Estados Unidos tiene un clima **de tundra** / **desértico.**
3. La zona de bosques de la costa oeste tiene un clima **marino de la costa oeste** / **subtropical húmedo.**
4. Las Grandes Planicies tienen un clima **continental húmedo** / **de estepa.**
5. La parte norte del este de Estados Unidos tiene un clima **de tundra** / **continental húmedo.**
6. La mayor parte de Alaska tiene climas **subártico y de tundra** / **de altiplanos y desérticos.**
7. El sur de la costa oeste tiene un clima **subtropical húmedo** / **mediterráneo.**
8. El oeste de Hawai tiene un clima **continental húmedo** / **tropical de sabana.**
9. La parte sur del este de Estados Unidos tiene un clima **subtropical húmedo** / **subártico.**
10. Las Rocosas tienen climas **de estepa y de altiplano** / **marino de la costa oeste y subártico.**

Revisar hechos • En cada caso, encierra la letra de la *mejor* opción.

1. Todos los siguientes estados son fuentes importantes de gas natural y petróleo, excepto
   a. Alaska.
   b. Texas.
   c. Hawai.
   d. California.
2. ¿Dónde están algunas de las granjas más productivas?
   a. las islas Aleutianas
   b. la Gran Cuenca
   c. los Apalaches
   d. las planicies del interior
3. Hay minerales valiosos y carbón en
   a. los montes Apalaches y los estados del oeste.
   b. la Sierra Nevada y el sur de Florida.
   c. las Grandes Planicies y el Piedmont.
   d. el sudeste y la costa del Pacífico.
4. Los bosques del sudeste y el noroeste son fuentes importantes de
   a. cuencas.
   b. madera.
   c. agricultura.
   d. mesetas.

Nombre ____________________ Grupo ____________ Fecha ____________

Estados Unidos

SECCIÓN 2

Vocabulario • **Palabras que debes comprender:**

- montículos (112): pilas o bancos de tierra
- textiles (113): productos de tela
- sinagogas (114): construcciones donde oran los judíos
- mezquitas (114): templos donde oran los musulmanes

Organizar ideas • **Completa la tabla siguiente con ejemplos de diversidad cultural en Estados Unidos.**

Idioma	
Religión	
Comidas	
Días festivos	
Artes	
Literatura	

Ordenar sucesos en secuencia • Numera los siguientes sucesos en el orden en que ocurrieron.

______ **1.** La Guerra Civil termina con la esclavitud en las plantaciones.

______ **2.** Las colonias británicas triunfaron a mediados de los 1700s.

______ **3.** Estados Unidos se anexó Hawai.

______ **4.** Estados Unidos compró Alaska.

______ **5.** Los anazasi desarrollaron un complejo sistema de irrigación.

______ **6.** Estados Unidos y la Unión Soviética fueron rivales durante la Guerra Fría.

______ **7.** Los primeros pobladores llegaron a América del Norte desde Asia.

______ **8.** Los europeos empezaron a establecerse en América del Norte en los 1500s.

______ **9.** Las colonias americanas rompieron con el Imperio Británico.

______ **10.** Estados Unidos combatió en las dos guerras mundiales.

Identificar grupos • Relaciona cada descripción de la izquierda con el grupo humano correcto de la derecha. Escribe la letra de la respuesta correcta en el espacio correspondiente.

______ **1.** Perdieron sus colonias americanas en 1776

______ **2.** Forman el 13 por ciento del total de la población de Estados Unidos

______ **3.** Construyeron un complejo sistema de irrigación

______ **4.** Fueron forzados a trabajar como esclavos en las plantaciones

______ **5.** Indígenas estadounidenses del nordeste

______ **6.** Primeras culturas de América

______ **7.** Primeros pobladores de América del Norte

______ **8.** Unieron Alaska a los Estados Unidos

______ **9.** Celebran el Hanukkah

______ **10.** Dividieron la mayor parte del territorio oeste de las colonias británicas

a. iroqueses y algonquinos

b. franceses y españoles

c. aztecas, mayas e incas

d. británicos

e. africanos

f. anazasi

g. afroestadounidenses

h. rusos

i. judíoestadounidenses

j. asiáticos

Nombre ______________________________ Grupo ________________ Fecha ________________

Estados Unidos

SECCIÓN 3

Vocabulario • Palabras que debes comprender:

- bacalao (119): pez de los mares del norte que contiene aceite
- veloz (119): que se mueve a gran velocidad
- floreciente (123): de éxito; saludable
- próspero (123): bueno para hacer; floreciente; bien realizado
- manadas (124): grandes grupos de animales
- erró (124): vagó; recorrió sin un propósito

Clasificar información • Junto a cada frase, escribe la letra de la región correcta.

N: Nordeste **OI**: Oeste interior **S**: Sur **OM**: Oeste medio **P**: Pacífico

_______ **1.** Tercera ciudad más grande de Estados Unidos y puerto de embarcaciones más importante de los Grandes Lagos

_______ **2.** Fábricas textiles de las regiones del Piedmont de las Carolinas, Georgia y Virginia

_______ **3.** Las granjas producen maíz, frijol de soya y productos lácteos

_______ **4.** El carbón es un recurso clave

_______ **5.** Hay enormes plantas de refinería y petroquímicas

_______ **6.** Terreno pedregoso y de corta temporada de cultivo para las granjas de Nueva Inglaterra

_______ **7.** Centro que encabeza la producción de automóviles

_______ **8.** Aguas poco profundas que son fuente de bacalao y mariscos

_______ **9.** Corazón de la industria cinematográfica de Estados Unidos

_______ **10.** Productor importante de frutas cítricas, tabaco y algodón

_______ **11.** Colegios y universidades respetadas, como Harvard

_______ **12.** Parques como Yellowstone que atraen a turistas

_______ **13.** Centros turísticos en Florida y Virginia

_______ **14.** Megalópolis que se extiende por la costa del Atlántico

_______ **15.** Estado industrial destacado

_______ **16.** Ricos yacimientos de petróleo, oro, plata, cobre y otros minerales valiosos

_______ **17.** Productos de fábrica y de granja se embarcan en el río Mississippi

_______ **18.** Ciudades con relaciones importantes con América Central y América del Sur

_______ **19.** Es productor de una de las compañías más importantes de software del mundo

_______ **20.** Su clima seco requiere la irrigación de sus cultivos

Comprender ideas • Escribe en el espacio la palabra o frase que complete correctamente cada oración.

1. La Región ______________________ está al norte de la Región Maicera y abarca Wisconsin y la mayor parte de Michigan y Minnesota.

2. El método de irrigación de ______________________ usa grandes sistemas de aspersores montados en enormes ruedas.

3. Una ______________________ es una cadena de ciudades que han crecido juntas.

4. Con la minería ______________________ se obtiene carbón con grandes máquinas que arrancan el suelo y las rocas.

5. La Región ______________________ se extiende por Montana, Nebraska, las Dakotas, Oklahoma, Texas y Colorado.

6. Algunos granjeros del Sur ______________________ al sembrar varios cultivos en lugar de uno.

7. La Región ______________________ se extiende desde el centro de Ohio hasta el centro de Nebraska.

8. Estados Unidos tiene un ______________________ porque el valor de sus exportaciones es menor que el valor de sus importaciones.

9. ______________________ es un importante campo de batalla de la Guerra Civil en Pennsylvania.

10. Los bosques ______________________ cubren el área de los árboles cortados al bosque original.

Organizar ideas • En cada caso, explica por qué los siguientes son retos para Estados Unidos.

1. Déficit comercial ____

____

____

2. Guardián de la paz ____

____

____

Nombre ______________________________ Grupo ________________ Fecha ________________

Canadá

Sección 1

Vocabulario • Palabras que debes comprender:

- yacimientos (131): masas de minerales formadas por agua, hielo, viento o erupciones volcánicas
- níquel (131): mineral muy duro y plateado, que se usa en baterías y en el niquelado
- zinc (131): mineral metálico blanco azulado, que se usa en baterías, medicinas y recubrimientos
- uranio (131): mineral metálico radiactivo, muy pesado y duro, de color plateado, que se usa para hacer plutonio
- plomo (131): mineral metálico, pesado, blando y moldeable, que se usa en baterías y compuestos

Identificar lugares • Relaciona cada descripción con el lugar correcto de la derecha. Escribe la letra de la respuesta correcta en el espacio correspondiente.

_____ **1.** Se localiza en el oeste y se comparte con Estados Unidos

_____ **2.** Lagos Michigan, Ontario, Erie, Hurón y Superior

_____ **3.** Conecta los Grandes Lagos con el océano Atlántico

_____ **4.** Se extiende de Estados Unidos hacia el sudeste de Canadá

_____ **5.** Manantial de algunos de los suelos más fértiles de Canadá

_____ **6.** Tierras altas rocosas que rodean la bahía de Hudson

_____ **7.** Tiene los yacimientos de potasa más grandes del mundo

_____ **8.** Produce gran parte del gas natural y petróleo de Canadá

_____ **9.** Rica zona de pesca que fue sobreexplotada

_____ **10.** Uno de los más grandes lagos de Canadá

a. río San Lorenzo

b. montañas Rocosas

c. montes Apalaches

d. Alberta

e. Gran Lago del Oso

f. Escudo Canadiense

g. valle del río San Lorenzo

h. Saskatchewan

i. Aguas costeras del Pacífico y el Atlántico

j. Grandes Lagos

Organizar ideas • Responde las preguntas en los espacios correspondientes.

1. ¿Dónde se encuentra la mayor parte de la madera de Canadá? ______________________________

____

____

2. ¿Qué es la pulpa? ____________________

____

____

3. ¿Qué es el papel periódico? ____________________

____

____

4. ¿Cuáles son tres de los minerales que se pueden encontrar en el Escudo Canadiense? ____________________

____

____

5. ¿Qué es la potasa? ____________________

____

____

Identificar climas • **Completa la tabla siguiente describiendo en la columna de la izquierda el clima de cada área.**

Área	Clima
Sudoeste de Canadá	
Extremo norte de Canadá	
Centro y norte de Canadá	
Canadá del este y del sur central	

Nombre ______________________ Grupo ______________ Fecha ______________

Canadá

SECCIÓN 2

Vocabulario • Palabras que debes comprender:

- vikingos o nórdicos (132): primeros escandinavos
- viruela (132): enfermedad contagiosa caracterizada por fiebre alta, vómito y ampollas
- imperios (133): grupo de estados o territorios gobernados por la realeza
- rival (133): competidor
- primer ministro (135): jefe ejecutivo o gobernante parlamentario
- ministro (135): jefe ejecutivo de una provincia

Ordenar sucesos en secuencia • Numera los siguientes sucesos en el orden en que ocurrieron.

_____ **1.** Nueva Francia se convirtió en una próspera colonia

_____ **2.** Los legitimistas dejaron Estados Unidos para irse a Canadá

_____ **3.** Los británicos tomaron el control de Nueva Francia

_____ **4.** El segundo grupo de europeos exploró Canadá en los 1400s

_____ **5.** Ocurrió la Revolución de Independencia

_____ **6.** Francia creó Nueva Francia en América del Norte

_____ **7.** El Parlamento Británico creó el Dominio de Canadá

_____ **8.** Los vikingos, o nórdicos, llegaron a Canadá

_____ **9.** Las fronteras de la América del Norte británica cambiaron

_____ **10.** La Guerra de los Siete Años se peleó principalmente en Europa

Comprender ideas • Escribe en el espacio la palabra o la frase que completa correctamente cada oración.

1. Los chinos ayudaron a construir los ______________ de Canadá.

2. ______________ es la ciudad más grande de Canadá.

3. La Compañía ______________ fue una empresa británica de comercio de pieles.

4. En los últimos años los canadienses se han trasladado ______________ a las ciudades.

5. A fines de los 1800s y principios de los 1900s, los ______________ de Canadá trabajaron en granjas y en los bosques, minas y fábricas.

6. Saskatchewan y ______________________ se convirtieron en provincias en 1905.

7. Las ciudades del sudoeste de Quebec y del sur de ______________________ son los centros del poder económico en Canadá.

8. Muchas personas se han trasladado hacia ______________________ por su clima templado costero.

9. ______________________ fueron personas nacidas de la mezcla de indígenas y de europeos que vivieron en los Territorios del Noroeste.

10. La mayoría de los inmigrantes de Canadá durante los últimos años de los 1800s hasta los primeros años de los 1900s es de ______________________.

11. Canadá experimentó un auge económico durante los primeros años ______________________.

12. Las ______________________ son las divisiones administrativas de Canadá.

13. La mayoría de los canadienses hablan ______________________.

14. Un ______________________ es una área o territorio de influencia.

Organizar ideas • Completa el organizador gráfico describiendo los dos niveles del gobierno canadiense.

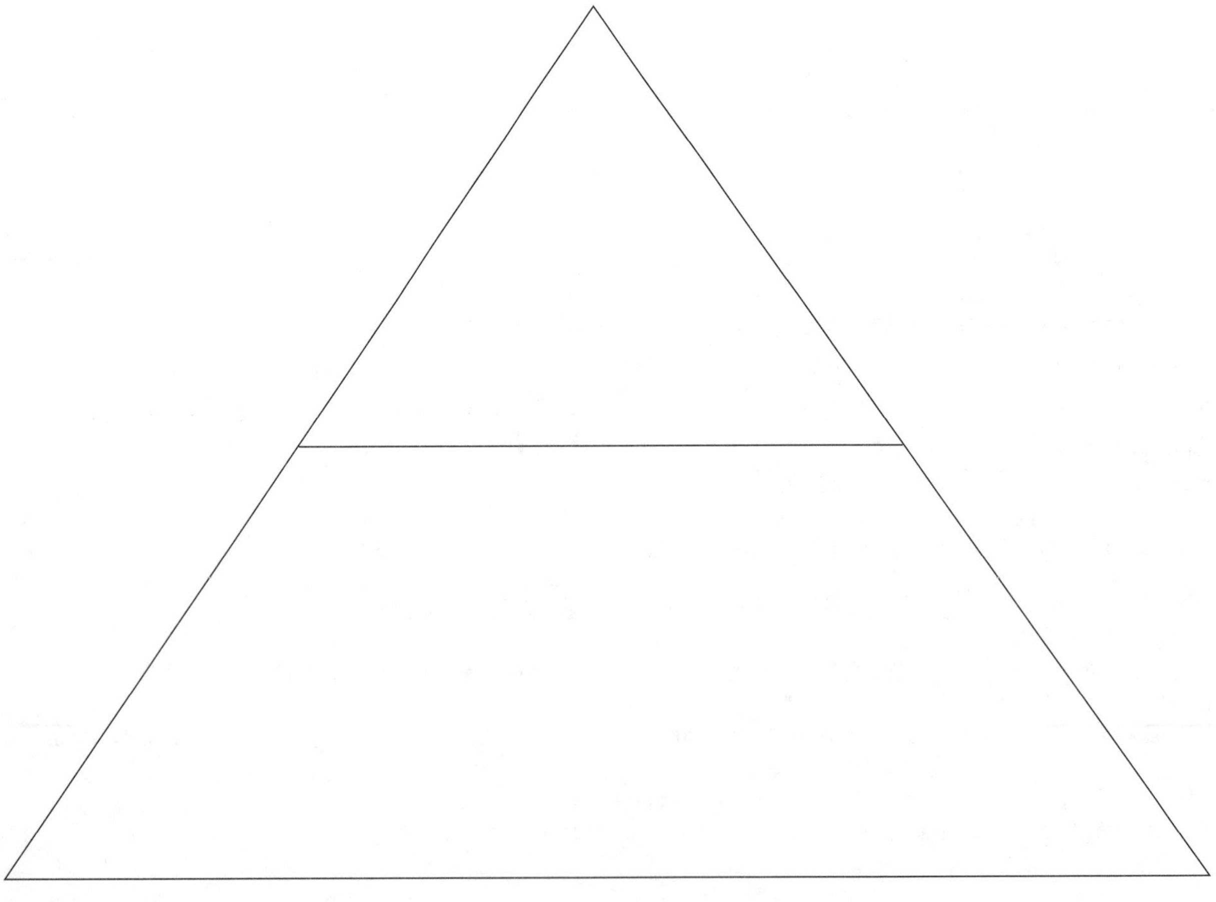

Nombre ______________________ Grupo ______________ Fecha ______________

Canadá

SECCIÓN 3

Vocabulario • Palabras que debes comprender:

- dominante (137): dirigente; predominante; superior
- quebequenses (137): personas que viven en Quebec
- arquitectura (140): estilo de diseño y construcción
- metropolitano (140): de una ciudad principal y grande
- grandioso (140): impresionante; magnífico

Comprender el punto de vista • Completa la tabla siguiente explicando los pros y los contras del regionalismo en Canadá. Incluye al menos un ejemplo en cada columna.

Pros del regionalismo	Contras del regionalismo

Clasificar información • Junto a cada frase, escribe la letra de la región correcta.

E: Provincias del este **C**: Centro **O**: Provincias del oeste **N**: Norte de Canadá

______ **1.** La economía recae en la pesca y los bosques

______ **2.** Quebec y Ontario

______ **3.** Incluye las Provincias Marítimas

______ **4.** Alberta, Manitoba y Saskatchewan

______ **5.** Isla de Terranova y Labrador

______ **6.** Abarca la ciudad más grande de Canadá

______ **7.** Produce más trigo del que necesitan los canadienses

_______ **8.** Densos bosques y tundra

_______ **9.** Áreas recreativas en las montañas Rocosas

_______ **10.** Poblado por más de la mitad de los canadienses

_______ **11.** Halifax y Nueva Escocia

_______ **12.** Su población es de aproximadamente 100,000

_______ **13.** Nueva Brunswick, isla Príncipe Eduardo y Nueva Escocia

_______ **14.** Contiene las Provincias de las Praderas

_______ **15.** Nunavut, Territorio del Yukón y Territorios del Noroeste

_______ **16.** Montreal y Toronto

_______ **17.** Tierra adentro de las provincias del este

_______ **18.** Tierra de los inuit

_______ **19.** Incluye magníficas regiones de agricultura

_______ **20.** Cubre más de un tercio de Canadá

Organizar ideas • Responde las preguntas en los espacios correspondientes.

1. ¿Cómo afectó a Canadá la Guerra de los Siete años? _______________

____

____

2. ¿Cómo influyó el regionalismo en América durante los 1800s? _______________

____

____

3. ¿Qué significa "marítimo"? _______________

____

____

4. ¿Quiénes son los inuit? _______________

____

____

Nombre ______________________ Grupo ______________ Fecha ______________

México

SECCIÓN 1

Vocabulario • **Palabras que debes comprender:**

- borde (162): margen
- elevado (162): muy alto
- caliza (162): roca formada por acumulación de conchas o coral
- principalmente (164): esencialmente
- escasez (164): falta de; insuficiencia

Identificar climas • **Identifica los cuatro tipos de climas que existen en México.**

1. Clima: ____

2. Clima: ____

3. Clima: ____

4. Clima: ____

Comprender ideas • **Escribe en el espacio la palabra, frase o lugar que completa correctamente cada oración.**

1. El río Bravo forma la frontera entre México y el estado de ______________.

2. México tiene una costa larga en el océano ______________ y una costa menor en el Golfo de México.

3. La Sierra Madre Oriental al ______________ y la Sierra Madre Occidental al ______________ forman los bordes del Altiplano Mexicano.

4. ______________, capital de México, se localiza en el Valle de México.

5. Cuevas y ______________, o cavidades de lados empinados, pueden encontrarse en la Península de Yucatán y son resultado de la erosión.

6. México se extiende desde las latitudes ______________ hasta los trópicos, así que tiene diversos tipos de climas.

7. Las ______________ tropicales de México son el hogar de muchos tipos de animales, que incluyen a monos, cotorras, jaguares y osos hormigueros.

8. En el altiplano central de México, las temperaturas de congelación algunas veces llegan muy al sur de México, cerca de ______________.

9. ______________________ es el recurso mineral más importante de México.

10. La parte más valiosa de la industria minera en México es ______________________.

Revisar hechos • En cada caso, encierra la letra de la *mejor* opción.

1. ¿Por qué nombre se conoce al río Bravo en Estados Unidos?
   a. Golfo de México
   b. río Grande
   c. América del Norte
   d. océano Pacífico

2. ¿Cuál de los siguientes aspectos constituye la mayor parte de México?
   a. volcanes
   b. desiertos
   c. altiplano central
   d. islas

3. Subyacente en la mayor parte de la Península de Yucatán hay
   a. piedra caliza.
   b. plata.
   c. permafrost.
   d. acueductos.

4. El norte de México puede describirse como
   a. húmedo.
   b. nevoso.
   c. cubierto de hielo.
   d. árido.

5. ¿Cuál de los siguientes problemas enfrentan en la actualidad los habitantes de México?
   a. escasez de agua
   b. tormentas de nieve
   c. deslizamiento de las placas tectónicas
   d. erupciones volcánicas

6. Baja California separa al Golfo de California
   a. del océano Pacífico.
   b. del mar Rojo.
   c. del océano Atlántico.
   d. del río Colorado.

Nombre ______________________ Grupo ______________ Fecha ______________

México

SECCIÓN 2

Vocabulario • Palabras que debes comprender:

- complejo (165): elaborado; complicado
- pico (166): elevación
- abandonar (166): dejar vacío; dejar atrás
- bajas (167): número de víctimas
- inicial (168): primero; original
- reforma (168): cambio; mejoramiento

Ordenar sucesos en secuencia • Numera los siguientes sucesos en el orden en que ocurrieron.

_____ **1.** Miguel Hidalgo y Costilla empieza la guerra en contra de la dominación española.

_____ **2.** Las ciudades mayas son abandonadas, y su civilización termina.

_____ **3.** Hernán Cortés y sus conquistadores dominan a los aztecas.

_____ **4.** Africanos esclavizados son traídos a la América española.

_____ **5.** Los mesoamericanos descubren cómo cultivar calabaza, frijol y chile.

_____ **6.** Los ciudades-estados mayas tuvieron su apogeo.

_____ **7.** Texas se separa de México.

_____ **8.** Los olmecas vivieron en las costas húmedas del sur del Golfo de México.

_____ **9.** Los aztecas se movieron al centro de México desde el norte.

_____ **10.** Empieza la Revolución Mexicana.

Identificar términos • En cada espacio, escribe el término que identifica cada descripción.

______________ **1.** Campos elevados construidos por los aztecas

______________ **2.** Guerreros españoles

______________ **3.** Brote muy difundido de una enfermedad

______________ **4.** Sistema en el que el poder central controla un número de territorios

______________ **5.** Personas de una mezcla de antepasados europeos e indígenas

_______________ **6.** Personas de una mezcla de antepasados europeos y africanos

_______________ **7.** Puestos religiosos de avanzada construidos por los españoles en el México colonial

_______________ **8.** Tierras trabajadas en común por los indígenas

Reconocer logros • Escribe en el espacio correspondiente dos logros de cada una de las siguientes civilizaciones.

1. Olmeca: _______________

2. Maya: _______________

3. Azteca: _______________

Organizar ideas • Escribe tus respuestas en los espacios correspondientes.

1. Comenta las ventajas que Hernán Cortés tuvo al conquistar a los aztecas. _______________

2. Comenta cómo se determina en la actualidad la identidad étnica de una persona en México.

Nombre ______________________ Grupo ______________ Fecha ______________

México

SECCIÓN 3

Vocabulario • Palabras que debes comprender:

- moneda (172): dinero
- principalmente (173): esencialmente; sobre todo; básicamente
- ensamblado (175): reunir, construir, conectar partes en sus lugares apropiados
- corrupto (175): deshonesto

Identificar regiones culturales • Completa la tabla siguiente escribiendo el número de cada descripción abajo del encabezado correcto.

1. Está situado al norte de la capital y se extiende hacia ambas costas
2. Región de México más pobre culturalmente
3. Su ciudad más grande es Mérida
4. Tiene planicies costeras boscosas entre Tampico y Campeche
5. Región de México más desarrollada y más poblada
6. Numerosas maquiladoras se localizan en esta región cultural
7. La población de esta región ha crecido a medida que la producción de petróleo ha aumentado
8. Los agricultores de esta región practican la agricultura de corte y quema
9. Una de las ciudades más contaminadas del mundo
10. Monterrey y Tijuana son ciudades importantes de esta zona
11. Son comunes de esta región los pueblos pequeños con una plaza cuadrada y una iglesia de estilo colonial
12. La pobreza y la corrupción de los gobiernos han conducido al malestar en esta región

La Ciudad de México	Interior central	Costa petrolera	Sur de México	Norte de México	Península de Yucatán

Identificar términos • Relaciona cada descripción de la izquierda con el término correcto de la derecha. Escribe la letra de la respuesta correcta en el espacio correspondiente.

_____ **1.** Aumento de precios que ocurre cuando la moneda pierde su poder de compra

_____ **2.** Alimentos cultivados principalmente por los agricultores para vender

_____ **3.** Mezcla de humo, sustancias químicas y bruma

_____ **4.** Fábricas propiedad de extranjeros

_____ **5.** Tipo de agricultura en el que una área de bosque se quema para sembrar en él

a. smog

b. corte y quema

c. cultivos para la venta

d. inflación

e. maquiladoras

Comprender ideas • Responde las preguntas en los espacios correspondientes.

1. Además de un presidente electo, ¿qué más incluye el gobierno de México? _______________

2. ¿Cuáles son los tres problemas económicos que enfrenta México? _______________

3. ¿Cuáles son los tres países que firmaron el TLC? _______________

4. ¿Qué porcentaje de las tierras mexicanas es apta para los cultivos? _______________

5. ¿Qué ha persuadido a México para dejar de cultivar los cultivos para la venta? _______________

6. ¿Dónde están ubicadas las maquiladoras? _______________

7. ¿Cuántos estados y distritos federales tiene México? _______________

8. ¿Cuál es la capital de México? _______________

9. ¿En qué región cultural muchas personas todavía hablan lenguas indígenas? _______________

10. ¿En qué región cultural hay ruinas mayas y playas soleadas? _______________

América Central y las islas del Caribe

Sección 1

Vocabulario • Palabras que debes comprender:

- denso (100): espeso; empacado junto y muy apretado; difícil de traspasar
- sequía (181): tiempo seco de larga duración
- ganancias (181): dinero que queda después de restar todos los costos de producción

Clasificar características físicas • Junto a cada descripción, escribe la letra de la región correcta.

AC: América Central　　　　**C**: el Caribe

_____ **1.** Forma un istmo entre América del Norte y América del Sur

_____ **2.** Cuba, Jamaica, Puerto Rico y La Española

_____ **3.** Islas que se extienden desde las Islas Vírgenes hasta Trinidad y Tobago

_____ **4.** Archipiélago que se extiende del sur de la Florida hasta América del Sur

_____ **5.** Honduras, El Salvador, Nicaragua y Guatemala

_____ **6.** Islas formadas por volcanes

_____ **7.** Belice, Costa Rica y Panamá

_____ **8.** Casi 700 islas y miles de arrecifes

_____ **9.** Antillas Menores

_____ **10.** Antillas Mayores

Comprender climas • Encierra la letra de la *mejor* opción para cada oración.

1. ¿Por qué las sequías son un problema de algunas de las islas del Caribe?

- **a.** La agricultura usa toda el agua de lluvia.
- **b.** Los huracanes no proporcionan suficiente humedad.
- **c.** El agua penetra rápidamente a través de la piedra caliza.
- **d.** Los bosques nubosos emplean mucha agua.

2. ¿Cuál de los siguientes no describe los climas de América Central?

- **a.** climas de tundra y estepa
- **b.** climas templados, de las tierras altas
- **c.** planicies tropicales húmedas
- **d.** húmedo, bosques nubosos tropicales

3. Todas las descripciones siguientes corresponden a climas de las islas del Caribe excepto
   a. climas templados y agradables.
   b. climas áridos y mediterráneos.
   c. climas húmedos tropicales.
   d. climas tropicales de sabana.

4. Los huracanes no ocasionan
   a. mareas altas.
   b. vientos fuertes y violentos.
   c. fuertes lluvias.
   d. nieve, aguanieve y granizo.

Identificar recursos • Escribe en el espacio la palabra o frase que completa correctamente cada oración.

1. Panamá tiene grandes yacimientos del mineral metálico ______________________.
2. Los bosques de Honduras y Belice son fuentes de ______________________.
3. La industria más importante de la región es el ______________________.
4. La agricultura reditúa ganancias en la región donde la ______________________ ha hecho el suelo fértil.
5. Jamaica tiene grandes reservas del mineral ______________________.
6. Plátanos, caña de azúcar, algodón y ______________________ son los cultivos principales del Caribe y de América Central.

Organizar ideas • Responde las preguntas en los espacios correspondientes.

1. ¿Por qué los volcanes y los terremotos son un problema en América Central y en el Caribe? ____

____

____

____

____

2. ¿Qué es un bosque nuboso y dónde se encuentra? ______________________

____

____

____

____

Nombre ______________________________ Grupo __________________ Fecha ________________

América Central y las islas del Caribe

SECCIÓN 2

Vocabulario • Palabras que debes comprender:

- misioneros (183): gente enviada por una organización religiosa para enseñar, predicar y convertir a otros
- terreno (185): paisaje; césped; territorio

Identificar periodos de tiempo • Escribe en cada espacio el periodo de tiempo correcto de la lista siguiente.

1990	1821	1903
1981	principios de los 1500s	1838-1839
1914	1992	1600s
fines de los 1800s	1979	1999

__________________ **1.** Panamá se independizó de Colombia.

__________________ **2.** El Salvador, Costa Rica, Nicaragua, Guatemala y Honduras declararon su independencia de España.

__________________ **3.** Los sandinistas derrocaron al dictador.

__________________ **4.** Panamá tomó el control de su canal.

__________________ **5.** Honduras Británicas se independizó y se convirtió en Belice.

__________________ **6.** Los países europeos empezaron a establecer colonias en América Central.

__________________ **7.** La Provincias Unidas de América Central se separaron.

__________________ **8.** Estados Unidos empezó a controlar el canal de Panamá.

__________________ **9.** Terminó la guerra civil en Nicaragua.

__________________ **10.** Los británicos dejaron Nicaragua.

__________________ **11.** Terminó la guerra en El Salvador.

__________________ **12.** Los británicos fundaron una colonia en Honduras Británicas.

Comprender influencias históricas • Completa la tabla siguiente explicando cómo cada aspecto refleja en la actualidad las influencias históricas en la cultura de América Central.

Grupos étnicos	
Lenguas	
Religión	

Revisar hechos • Encierra la palabra en negritas que completa *mejor* cada oración.

1. El árbol de **cacas** / **cacao** produce las semillas de cacao que se emplean para hacer chocolate.
2. Cada país de América Central ha sido alguna vez gobernado por un **congreso** / **dictador**.
3. Una **guerra civil** / **santa inquisición** es un conflicto entre dos o más grupos dentro de un país.
4. La mayor parte de América Central fue alguna vez gobernada por **España** / **Alemania**.
5. La **barrera montañosa** / **zona del canal** es la región más próspera de Panamá.
6. El / la **ecoturismo** / **construcción de barcos** es cada vez más importante para las economías de los países de América Central.
7. **Costa Rica** / **Belice** tiene una larga historia democrática, gobiernos estables y paz.
8. El país más poblado de América Central es **Panamá** / **Guatemala**.

Nombre ______________________ Grupo ______________ Fecha ______________

América Central y las islas del Caribe

SECCIÓN 3

Vocabulario • Palabras que debes comprender:

- revuelta (187): levantamiento; rebelión; rechazo para aceptar la autoridad
- en escabeche (188): conservado o marinado en una salmuera con especias o en una solución de vinagre
- samosa (188): empanada pequeña, frita, rellena de carne condimentada o una mezcla de verduras
- mango (188): fruta tropical de color amarillo o rojizo, de forma oblonga, con una pulpa jugosa y una cáscara gruesa
- quingombó (188): planta alta cuyas vainas se usan en sopas y guisados
- Cuaresma (188): 40 días de la semana, desde el Miércoles de Ceniza hasta la Pascua, que se guardan para orar y ayunar
- incursiones (189): ataques hostiles, repentinos y sorpresivos
- prohibido (189): proscrito; negado; impedido

Identificar recursos • Escribe en cada espacio el nombre del país correcto y escríbelo en cada espacio. Algunos países no se usan.

Estados Unidos	la India	Gran Bretaña
España	África	Unión Soviética
Francia	Alemania	

__________ **1.** Origen de las samosas empleadas en la cocina del Caribe

__________ **2.** Origen del protestantismo en el Caribe

__________ **3.** Origen del béisbol en el Caribe

__________ **4.** Origen de los esclavos que trabajaron en las haciendas del Caribe

__________ **5.** Origen de la religión Católica Romana que se profesa en el Caribe

__________ **6.** Origen de la ayuda económica para Cuba

__________ **7.** Origen del dominio colonial en Haití

__________ **8.** Origen de la prohibición contra el comercio de Cuba

__________ **9.** Origen del dominio colonial en la República Dominicana

10. Origen de la ciudadanía de los puertorriqueños

Observar correspondencias • **Para cada inciso de la izquierda, marca un cuadro de la derecha. Algunos incisos pueden tener más de una respuesta.**

	Cuba	Haití	Puerto Rico	República Dominicana	Todos los países del Caribe
1. merengue	❑	❑	❑	❑	❑
2. criollos	❑	❑	❑	❑	❑
3. santería	❑	❑	❑	❑	❑
4. idioma español	❑	❑	❑	❑	❑
5. arroz y batatas	❑	❑	❑	❑	❑
6. béisbol	❑	❑	❑	❑	❑
7. cooperativas	❑	❑	❑	❑	❑
8. refugiados	❑	❑	❑	❑	❑
9. mancomunidad	❑	❑	❑	❑	❑
10. guerrillas	❑	❑	❑	❑	❑
11. La Española	❑	❑	❑	❑	❑
12. comunistas	❑	❑	❑	❑	❑
13. Santo Domingo	❑	❑	❑	❑	❑
14. ciudadanos estadounidenses	❑	❑	❑	❑	❑

Ordenar sucesos en secuencia • **Numera los siguientes sucesos en el orden en que ocurrieron.**

______ **1.** Los europeos trajeron esclavos para trabajar en las haciendas.

______ **2.** Estados Unidos concedió la independencia a Cuba.

______ **3.** España empezó a establecer colonias en el Caribe.

______ **4.** Fidel Castro tomó el poder de Cuba y empezó un gobierno comunista.

______ **5.** Cristóbal Colón dejó España por el Caribe.

______ **6.** Los esclavos se rebelaron en Haití y ganaron su independencia de Francia.

Nombre ______________________________ Grupo ________________ Fecha ________________

América del Sur del Caribe

SECCIÓN 1

Vocabulario • Palabras que debes comprender:

- con puntas (196): con áreas que sobresalen
- notable (196): extraordinario; raro; especial
- altitud (197): altura sobre la Tierra
- caña de azúcar (197): pasto tropical alto, que contiene azúcar
- templado (197): ni extremadamente frío ni extremadamente caliente
- moderado (197): medio; no extremo

Identificar características físicas • Escribe en el espacio el nombre del accidente geográfico que corresponda.

río Orinoco	cordillera	Tierras altas de las Guayanas
tepuís	los Andes	llanos

_________________ **1.** Rara formación de capas de arenisca

_________________ **2.** Elevación de unos 18,000 pies, y que forma tres dientes

_________________ **3.** Desciende hacia una planicie costera fértil en Guyana, Surinam y Guayana Francesa

_________________ **4.** Fluye aproximadamente por unas 1,281 millas por América del Sur del Caribe.

_________________ **5.** Vastas planicies de la cuenca del río Orinoco.

_________________ **6.** Cualquier sistema montañoso compuesto de cadenas paralelas

Describir climas • Describe cada uno de los cinco climas en el área de los Andes.

1. Tierra caliente

Significado: ______________________________

Altitud: ______________________________

Temperatura: ______________________________

Cultivos y vegetación: ______________________________

2. Tierra templada

Significado: ______________________________

Altitud: ______________________________

Temperatura: ______________________________

Cultivos y vegetación: ______________________________

3. Tierra fría

Significado: ______________________________

Altitud: ______________________________

Temperatura: ______________________________

Cultivos y vegetación: ______________________________

4. Páramo

Altitud: ______________________________

Temperatura: ______________________________

Cultivos y vegetación: ______________________________

5. Tierra helada

Significado: ______________________________

Altitud: ______________________________

Temperatura: ______________________________

Revisar hechos • En cada caso, encierra la letra de la *mejor* opción.

1. ¿Cuál de los siguientes yacimientos minerales no se encuentra en América del Sur del Caribe?
- **a.** petróleo
- **b.** zinc
- **c.** bauxita
- **d.** mineral de hierro

2. Los países de América del Sur del Caribe obtienen energía hidroeléctrica de los
- **a.** mares.
- **b.** lagos.
- **c.** ríos.
- **d.** océanos.

3. Dos recursos naturales importantes de América del Sur del Caribe son
- **a.** carbón y ámbar.
- **b.** mármol y caliza.
- **c.** búfalos y ganado.
- **d.** bosques y suelos.

4. La región del río Orinoco no tiene
- **a.** ballenas.
- **b.** pirañas.
- **c.** cocodrilos.
- **d.** bagres.

Nombre ______________________ Grupo ______________ Fecha ______________

América del Sur del Caribe

SECCIÓN 2

Vocabulario • Palabras que debes comprender:

- maravilloso (198): asombroso; sorprendente; extraordinario
- brotes (199): acontecimientos repentinos
- feculentas (200): que tienen las cualidades propias de un complejo carbohidrato blanco insípido
- combatido (201): comprometido en una lucha o en una guerra

Revisar hechos • Responde las preguntas en los espacios correspondientes.

1. **¿QUIÉNES** llegaron a América del Sur del Caribe después de Chibcha? ______________
2. **¿QUÉ** buscaban? ______________
3. **¿DÓNDE** desembarcaron? ______________
4. **¿CUÁNDO** llegaron? ______________
5. **¿POR QUÉ** forzaron a los africanos y a los indígenas a trabajar la tierra? ______________
6. **¿CÓMO** fueron vencidos? ______________
7. **¿CUÁNDO** fueron derrotados? ______________
8. **¿QUÉ** grupo de naciones se creó justo después de la derrota? ______________
9. **¿QUÉ** le pasó a ese grupo de naciones? ______________
10. **¿POR QUÉ** la pelea ocurrió después de la Independencia de Colombia? ______________

Comprender ideas • Escribe en el espacio la palabra o frase que completa correctamente cada oración.

1. Brasil es el único país que produce más ______________ que Colombia.
2. Las raíces feculentas de la ______________ son un alimento importante en Colombia.
3. La capital de Colombia, ______________, se localiza en lo alto al este de los Andes
4. Colombia tiene una ______________ más elevada que cualquier otro país en América del Sur del Caribe.
5. Los ríos Cauca y ______________ conectan las poblaciones colombianas entre sí.
6. La mayor parte de las ______________ del mundo provienen de Colombia.

7. ______________________ es un recurso mineral valioso y Colombia es el líder exportador.

8. Colombia es segundo, después de los Países Bajos, en la exportación de ______________________.

9. La mayoría de los colombianos viven en los fértiles ______________________ y cuencas entre las montañas.

10. Pocas personas viven en la ______________________ tropical del sur de Colombia.

Identificar causas • Completa las oraciones siguientes.

1. Regiones en Colombia están aisladas debido a ____

____

2. Las tradiciones africanas han influido en las canciones y danzas colombianas debido a que ____

____

3. El catolicismo romano es la principal religión en Colombia debido a ______________________

____

4. Los colombianos juegan un deporte chibcha llamado *tejo* porque ______________________

____

Organizar ideas • Describe los tres problemas más grandes que Colombia enfrenta en la actualidad.

1. ____

____

2. ____

____

3. ____

____

Nombre ______________________________ Grupo ________________ Fecha ________________

CAPÍTULO 10

América del Sur del Caribe

SECCIÓN 3

Vocabulario • Palabras que debes comprender:

- perlas (202): cuerpos duros de superficie lisa, formados alrededor de granos de arena dentro de los moluscos, que se emplean como piedras preciosas
- lujos (203): cosas o servicios costosos e innecesarios que proporcionan placer
- periferia (203): zona alrededor de una ciudad u otra área importante
- choza: casa pequeña construida en condiciones de pobreza
- autopistas (203): carreteras o vías rápidas que agilizan el tránsito
- competidor (204): persona que participa en una competencia

Reconocer causa y efecto • Relaciona las causas de la izquierda con los efectos de la derecha. Escribe la letra de la respuesta correcta en el espacio correspondiente.

Causas

_____ **1.** Por la caída de los precios del petróleo,

_____ **2.** Porque las haciendas de esclavos eran explotadoras,

_____ **3.** Porque la colonia española fue muy pobre,

_____ **4.** Porque algunos dictadores fueron corruptos,

_____ **5.** Porque muchos indígenas de las haciendas morían,

_____ **6.** Porque había poco oro,

_____ **7.** Porque el lago Maracaibo es rico en petróleo,

_____ **8.** Porque el suelo es fértil en el norte de Venezuela,

_____ **9.** Porque no había suficiente trabajo en las granjas,

_____ **10.** Porque Venezuela era muy rico,

Efectos

a. el último caudillo fue obligado a abandonar el poder en 1958.

b. la economía de Venezuela se desplomó en la década de los ochenta.

c. esclavos fueron traídos de África.

d. las personas se rebelaron contra España.

e. los españoles se dedicaron a la agricultura.

f. algunos escaparon y huyeron a tierras remotas.

g. llegaron muchos inmigrantes.

h. los venezolanos se mudaron a las ciudades.

i. muchas granjas se localizan ahí.

j. Venezuela depende de sus reservas.

Describir una cultura • Completa la tabla siguiente describiendo Venezuela y explicando cuáles son sus raíces históricas.

Grupo más numeroso de personas:	¿Por qué?
Lengua oficial:	¿Por qué?
Religión principal:	¿Por qué?

Revisar hechos • Encierra el término o el nombre en negritas que completa *mejor* cada oración.

1. Los colonos españoles cultivaron **mandioca** / **índigo** porque producía una tintura azul oscuro.
2. Los **caudillos** / **llaneros** guardaban ganado en los ranchos de Venezuela.
3. **Simón Bolívar** / **Fidel Castro** dirigió muchas guerras de independencia en contra de España.
4. La capital de Venezuela y su centro cultural es **Caracas** / **Georgetown**.
5. Cristóbal Colón desembarcó en la costa de Venezuela en **1492** / **1498**.
6. **Toros coleados** / **Paramaribos** es un rodeo en el que el competidor derriba un toro jalándolo de la cola.

Nombre ______________________ Grupo ______________ Fecha ______________

América del Sur del Caribe

SECCIÓN 4

Vocabulario • Palabras que debes comprender:

- descendientes (206): hijos o progenie de un grupo en particular, una familia o unos antepasados
- aluminio (206): elemento químico de los metales, plateado y ligero, y que se trabaja fácilmente
- herencia (206): linaje; cultura; tradición; pasado
- hindú (206): del hinduismo, la más antigua y popular de las religiones de la India
- deshabitado (207): no ocupado; sin habitantes

Ordenar sucesos en secuencia • Numera los siguientes sucesos en el orden en que ocurrieron.

_______ **1.** España perdió las Guayanas por colonizadores de Francia, los Países Bajos y Gran Bretaña.

_______ **2.** Los europeos trajeron sirvientes contratados de China, la India y el Sudeste de Asia.

_______ **3.** La Guayana Británica ganó su independencia y se convirtió en Guyana.

_______ **4.** España es el primer país europeo en reclamar las Guayanas.

_______ **5.** Sirvientes contratados empezaron a desarrollar lenguas francas.

_______ **6.** Los países europeos volvieron ilegal la esclavitud.

_______ **7.** La Guayana holandesa se separó de los Países Bajos y se convirtió en Surinam.

_______ **8.** Los europeos trajeron africanos esclavos para trabajar en las haciendas.

Clasificar países • Junto a cada frase, escribe la letra del país correcto.

G: Guyana **S**: Surinam **F**: Guayana Francesa

_______ **1.** Su capital es Paramaribo.

_______ **2.** El pueblo de Kourou es un centro espacial.

_______ **3.** Palabra indígena que significa "tierra de aguas".

_______ **4.** La mayoría de la población vive en las áreas costeras.

_______ **5.** Un tercio de la población es descendiente de africanos esclavizados.

_______ **6.** El aluminio es el producto de mayor exportación.

_______ **7.** Algunas partes del interior están deshabitadas.

_______ **8.** Casi la mitad de la población del país vive en la capital.

______ **9.** Fue parte suya la isla del Diablo, una colonia carcelaria.

______ **10.** La capital es Georgetown.

______ **11.** Los bosques del interior proporcionan madera para exportar a otros países.

______ **12.** La capital es Cayena.

______ **13.** El principal recurso mineral es la bauxita.

______ **14.** Sigue siendo parte de Francia.

______ **15.** Descendientes de africanos esclavizados controlan la mayor parte del gobierno y de las grandes empresas.

______ **16.** Depende fuertemente de energía y alimentos importados.

Identificar similitudes • Identifica cinco similitudes entre Guyana, Surinam y la Guayana Francesa.

1. ______________________________

____

2. ______________________________

____

3. ______________________________

____

4. ______________________________

____

5. ______________________________

____

Nombre ______________ Grupo ______________ Fecha ______________

América del Sur del Atlántico

SECCIÓN 1

Vocabulario • Palabras que debes comprender:

- jaguar (213): felino depredador, salvaje, grande y amarillo con manchas negras; leopardo
- anaconda (213): serpiente larga y pesada que vive en el agua y en los árboles
- perezoso (213): mamífero de lentos movimientos, que habita en los árboles y se alimenta con la vegetación
- pantano (213): tierras bajas y blandas, cubiertas con agua con una vegetación parecida al pasto
- armadillo (213): animal nocturno, que vive en madrigueras, cubierto por placas que semejan una armadura
- puma (213): felino depredador, grande, ágil, esbelto o ligero, de color rojizo y con una cola larga

Describir características físicas • Completa la tabla siguiente escribiendo el nombre de cada característica física en la segunda columna. En la tercera columna , descríbela brevemente.

Andes	montañas brasileñas	Aconcagua	Tierra del Fuego
Patagonia	Amazonas	Pampas	Gran Chaco
Paraná	Meseta de Brasil		

Categoría	Característica física	Descripción
Planicies y mesetas		
Montañas		
Sistemas fluviales		

Clasificar información • **Para cada inciso de la izquierda, marca un cuadro de la derecha. Algunos incisos pueden tener más de una respuesta.**

	Amazonas	Montañas brasileñas	Gran Chaco	Pampas	Patagonia
1. Pastizales	❑	❑	❑	❑	❑
2. Armadillos	❑	❑	❑	❑	❑
3. Húmedo subtropical	❑	❑	❑	❑	❑
4. Casi lluvia constante	❑	❑	❑	❑	❑
5. Suelos fértiles	❑	❑	❑	❑	❑
6. Pantanos	❑	❑	❑	❑	❑
7. Húmedo tropical	❑	❑	❑	❑	❑
8. Anacondas gigantes	❑	❑	❑	❑	❑
9. Elevados índices de temperatura	❑	❑	❑	❑	❑
10. Pumas	❑	❑	❑	❑	❑
11. Sabanas	❑	❑	❑	❑	❑
12. Desierto	❑	❑	❑	❑	❑

Organizar ideas • **Responde las preguntas en los espacios correspondientes.**

1. ¿Qué producto es provisto por el bosque tropical del Amazonas? ______________________

____

2. ¿Por qué es un problema el agotamiento del suelo? ______________________

____

3. ¿Qué recursos minerales se encuentran en la región? ______________________

____

4. ¿Qué tipo de energía proporcionan los ríos de la región? ______________________

____

Nombre ______________________ Grupo ______________ Fecha ____________

América del Sur del Atlántico

SECCIÓN 2

Vocabulario • Palabras que debes comprender:

- sabanas (215): pastizales con pocos árboles o planicies sin ellos
- precioso (216): valioso; raro; especial; costoso
- apogeo (216): periodo de riqueza, expansión industrial y crecimiento de los negocios
- barrios pobres (217): áreas urbanas densamente pobladas caracterizadas por viviendas inferiores al nivel medio, pobreza e insalubridad

Clasificar información • Junto a cada frase, escribe la letra del grupo inmigrante correcto.

E: europeos A: africanos I: indígenas

_____ **1.** Establecieron plantaciones de azúcar

_____ **2.** Descendientes de personas que posiblemente vinieron a Brasil por Asia

_____ **3.** Segundo grupo de inmigrantes en llegar a Brasil

_____ **4.** Su forma de vida está basada en la pesca, la caza y la agricultura de autoconsumo

_____ **5.** Traídos a Brasil para que trabajaran con los indígenas en las plantaciones de azúcar

_____ **6.** Se empezaron a trasladar hacia Brasil después de 1500

_____ **7.** Primer grupo de inmigrantes en llegar a Brasil

_____ **8.** Establecidos en ranchos ganaderos en las tierras del interior de Brasil

_____ **9.** Vinieron a Brasil hace varios miles de años

_____ **10.** Tercer grupo de inmigrantes en llegar a Brasil

Revisar hechos • Encierra la palabra en negritas que completa *mejor* cada oración.

1. La principal ciudad en el Amazonas es **Belém / Manaos**.

2. El **nordeste / sudeste** de Brasil es la región más pobre del país.

3. El interior de Brasil tiene **bosques / montañas** y sabanas.

4. Río de Janeiro y **Buenos Aires / São Paulo** se localizan en el sudeste.

5. La mayor parte del norte y del oeste de Brasil está constituido por el **Amazonas** / las **Pampas**.

6. **Inundaciones / sequías** son el problema del nordeste de Brasil.

7. Las viejas ciudades coloniales, como Salvador, están localizadas en el **sudeste / nordeste** de Brasil.

8. **São Paulo / Brasilia** es el área urbana más grande de América del Sur.

9. La calidad de vida de las personas es **bajo / alto** en el nordeste de Brasil.

10. Enormes barrios pobres llamados **gauchos / favelas** están desarrollándose en el nordeste y sudeste de Brasil.

11. Las tensiones entre los indígenas y **banqueros / mineros** son un problema en el Amazonas.

12. **Río de Janeiro / Montevideo** es un puerto con mucho movimiento muy popular entre los turistas.

13. La **caña de azúcar** / El **café** es un importante producto agrícola del sudeste de Brasil.

14. La capital de Brasil es **Brasilia / Rosario.**

Comprender la cultura • Completa la tabla siguiente escribiendo el número de cada término debajo de la categoría a la que pertenece. Si algún término no se refiere a la cultura de Brasil, escribe su número debajo de la quinta categoría.

1. Macumba
2. *feijoada*
3. portugués
4. samba
5. tango
6. español
7. catolicismo romano
8. francés
9. *vatapá*
10. peruano
11. budismo
12. japonés
13. Islam
14. inglés

Lenguas	Religiones	Carnaval	Comidas	No aplican

Nombre ______________________ Grupo ______________ Fecha ____________

América del Sur del Atlántico

SECCIÓN 3

Vocabulario • Palabras que debes comprender:

- desvanecimiento (219): desaparición
- tango (220): baile de pareja que incluye inclinaciones elegantes, pasos largos y deslizamientos
- asociado (222): tener menos que una condición o membresía totales

Organizar ideas • Contesta las preguntas en los espacios correspondientes.

1. ¿Quiénes se trasladaron al sur de América del Sur en los 1500s? ______________________________

2. ¿Qué significa la palabra *Argentina*? ______________________________

3. ¿Qué es el sistema de encomienda? ______________________________

4. ¿Por qué los gauchos fueron importantes durante la época colonial? ______________________________

5. ¿Qué pasó después de que Argentina ganó la independencia en 1816? ______________________________

6. ¿A qué se parecía el gobierno argentino durante la mayor parte de los 1900s?

____

Revisar hechos • En cada caso, encierra la letra de la *mejor* opción.

1. La mayoría de argentinos son
- **a.** judíos.
- **b.** protestantes cristianos.
- **c.** católicos romanos.
- **d.** musulmanes.

2. ¿Cuál de los siguientes productos es muy importante para Argentina y parte básica de la dieta de las personas?
- **a.** uvas
- **b.** café
- **c.** queso
- **d.** carne

3. ¿Cuál es el idioma oficial de Argentina?
- **a.** inglés
- **b.** español
- **c.** portugués
- **d.** alemán

4. El tango combina el tango español y una danza argentina llamada
- **a.** milonga.
- **b.** vals.
- **c.** dos pasos.
- **d.** samba.

5. La mayoría de los argentinos descienden de
- **a.** inmigrados asiáticos.
- **b.** indígenas nativos.
- **c.** colonizadores europeos.
- **d.** africanos esclavizados.

6. Un platillo popular en Argentina es
- **a.** pampas.
- **b.** guaraní.
- **c.** enchiladas.
- **d.** parrillada.

Comprender ideas • Escribe en el espacio la palabra o frase que completa correctamente cada oración.

1. Argentina pertenece a una organización de comercio llamada ____________________ que respalda la cooperación económica entre los países de América del Sur.

2. La mayor parte de la industria de Argentina y un tercio de la población del país se localizan en ____________________.

3. ____________________ son la región agrícola más desarrollada de Argentina.

4. El gobierno de Argentina ha sido una ____________________ desde 1983.

5. ____________________ es la capital de Argentina y es la segunda área urbana más grande de América del Sur.

6. Rosario y ____________________ son dos grandes ciudades del interior.

Nombre ______________ Grupo ______________ Fecha ______________

América del Sur del Atlántico

SECCIÓN 4

Vocabulario • **Palabras que debes comprender:**

- ribera (223): tierra cercana o en la orilla de un cuerpo de agua
- productos de consumo (224): ropa, comida y otras mercancías que satisfacen las necesidades básicas de las personas
- espinoso (224): que tiene espinas o púas puntiagudas
- influencia (225): poder de persuasión
- eficazmente (225): eficientemente; completamente; de manera experta

Comparar y contrastar países • **Compara y contrasta los temas siguientes en Uruguay y Paraguay en la actualidad.**

	Uruguay	Paraguay
1. Idiomas	______________	______________
	______________	______________
2. Gobierno	______________	______________
	______________	______________
3. Economía	______________	______________
	______________	______________
4. Energía	______________	______________
	______________	______________
5. Religión	______________	______________
	______________	______________

Identificar capitales • **Proporciona la siguiente información acerca de las capitales de Uruguay y Paraguay.**

Uruguay
Ciudad capital: ______________

Descripción de la ubicación de la ciudad: ______________

Paraguay
Ciudad capital: ______________

Descripción de la ubicación de la ciudad: ______________

Identificar ideas • Relaciona cada descripción de la izquierda con el término, frase o lugar correctos de la derecha. Escribe la letra de la respuesta correcta en el espacio correspondiente.

_____ **1.** Está completamente rodeada de tierra

_____ **2.** País que reclamó Uruguay durante la época colonial

_____ **3.** Divide Paraguay en dos regiones

_____ **4.** Proporciona a Uruguay acceso al océano Atlántico

_____ **5.** Gobernaron Paraguay hasta 1989

_____ **6.** La mayoría de su población es descendiente de europeos

_____ **7.** Cerca de la mitad de los trabajadores de Paraguay

_____ **8.** Turistas que vacionan en desarrollos turísticos de playa en Uruguay

_____ **9.** Más de un tercio de la población de Uruguay vive en esta área y a su alrededor

_____ **10.** Controló Uruguay de los 1770s hasta 1825

_____ **11.** Idioma indígena que se habla en Paraguay

_____ **12.** Cerca del 95 por ciento de la población de Paraguay

a. mestizos

b. sin salida al mar

c. Montevideo

d. España

e. argentinos y brasileños

f. Portugal

g. Uruguay

h. Río de la Plata

i. río Paraguay

j. guaraní

k. agricultores

l. dictadores

Nombre ______________________ Grupo ______________ Fecha ____________

América del Sur del Pacífico

SECCIÓN 1

Vocabulario • **Palabras que debes comprender:**

- rompcr (230): desequilibrar; perturbar
- arremolinarse (230): moverse con giros o vueltas
- cordillera (230): elevaciones de tierra largas y estrechas

Identificar países • **Escribe en el espacio el nombre del país que completa correctamente cada oración.**

1. ______________________ no tiene salida al mar.
2. ______________________ se extiende sobre el ecuador.
3. ______________________ forma una larga curva a lo largo del océano Pacífico.
4. ______________________ se extiende por unas 2, 650 millas del norte al sur y semeja un cordón.

Describir climas • **Completa la tabla siguiente proporcionando información acerca de los climas de América del Sur del Pacífico.**

Área	Clima
1. Valle central de Chile	
2. Sur de Chile	
3. Costa de Chile	
4. Este de Ecuador y Perú, y norte de Bolivia	

Revisar hechos • Relaciona cada descripción con el término, frase o lugar correcto de la columna de la derecha. Escribe la letra de la respuesta correcta en el espacio correspondiente.

_____ **1.** Lago de agua salada en la altura del Altiplano

_____ **2.** Montañas cubiertas de nieve que se extienden a lo largo de cuatro países de América del Sur del Pacífico

_____ **3.** Formada por el hielo derretido proveniente de los Andes

_____ **4.** Ancha y alta planicie entre Bolivia y Perú

_____ **5.** Gran isla dividida entre Chile y Argentina

_____ **6.** Conecta el océano Pacífico con el Atlántico

_____ **7.** Punta en el extremo sur de Chile

_____ **8.** Lago grande, profundo y elevado en el que pueden navegar barcos grandes

_____ **9.** Área seca, de unas 600 millas de largo, que con frecuencia está cubierta de niebla y nubes bajas

_____ **10.** Aguas frías que enfrían el aire caliente encima de la superficie del océano

a. estrecho de Magallanes

b. Tributarios del Amazonas

c. Tierra del Fuego

d. Titicaca

e. Los Andes

f. Cabo de Hornos

g. Poopó

h. Altiplano

i. Corriente del Perú

j. Atacama

Organizar ideas • Responde las preguntas en los espacios correspondientes.

1. ¿Cuáles son tres efectos de El Niño? _____________________

____

____

2. ¿Qué recursos minerales se encuentran en América del Sur del Pacífico? _____________________

____

____

3. ¿Qué regiones de América del Sur del Pacífico contienen bosques que proveen de madera? _____

____

____

Nombre ______________ Grupo ______________ Fecha ______________

América del Sur del Pacífico

SECCIÓN 2

Vocabulario • Palabras que debes comprender:

- empinado (233): muy inclinado; escarpado
- cobayo (233): roedor de orejas cortas, rollizo, pequeño, sin cola
- suspendido (234): colgado encima del piso
- impuesto (236): forzado a seguir algo

Identificar términos • En cada espacio, escribe el término identificado para cada descripción.

______________ **1.** Gobernador designado por el rey español para imponer las costumbres y leyes españolas

______________ **2.** Repentina caída de un gobierno a manos de un pequeño grupo

______________ **3.** Sistema de registro con cuerdas de colores con nudos

______________ **4.** Grupo guerrillero que organizó ataques durante los 1980s

______________ **5.** Planta nativa de los Andes que produce nutritivas semillas

______________ **6.** Descendientes de europeos nacidos en América

______________ **7.** Animales domesticados que se crían por su lana gruesa

______________ **8.** Significa "tierra de los cuatro cuartos"

Reconocer logros • Describe cuatro logros de la cultura inca.

1. ______________________________

2. ______________________________

3. ______________________________

4. ______________________________

Ordenar sucesos en secuencia • Escribe el número de cada suceso arriba de la fecha correcta de la línea de tiempo.

1. Un indígena llamado Tupac Amaru II dirigió una revuelta en contra de los gobernadores españoles.
2. Atahualpa ganó la guerra civil en contra de su hermano.
3. Ecuador consigue su independencia.
4. El emperador inca deja de existir.
5. La primera civilización avanzada de Perú alcanza su apogeo.
6. Bolivia se independiza de España.
7. El emperador inca muere en la cumbre del imperio.
8. Chile se convierte en un país independiente.

/	/	/	/	/	/	/	/
900 A.C.	1525	1532	1535	1780–81	1818	1822	1825

Revisar hechos • Responde las preguntas en el espacio correspondiente.

1. ¿Cómo cruzaban los incas los escarpados valles de los Andes? ______________________
2. ¿Cómo enviaban los incas mensajes por todo el imperio? ______________________
3. ¿Qué tipo de información proporcionaban los quipús? ______________________
4. ¿Cuál fue la capital del imperio inca? ______________________

Clasificar información • En cada espacio, escribe el nombre correcto del país de la siguiente lista. Algunos países se pueden usar más de una vez.

Perú Bolivia Ecuador Chile

______________________ 1. Tiene un presidente electo y un congreso

______________________ 2. Trabaja para mejorar los servicios médicos, la alfabetización y la vivienda

______________________ 3. Ha sufrido una serie de revoluciones y gobiernos militares

______________________ 4. Experimentó años de violencia seguido de un golpe militar

______________________ 5. Un grupo guerrillero lo aterrorizó durante los 1980s

______________________ 6. Miles de ciudadanos fueron encarcelados y asesinados por una junta militar

Nombre ______________________ Grupo ______________ Fecha ____________

América del Sur del Pacífico

SECCIÓN 3

Vocabulario • Palabras que debes comprender:

- parlamento (238): legislatura; cuerpo legislativo
- adecuado (239): suficiente; satisfactorio
- extendido (239): difundido en una larga curva o línea
- ponchos (239): frazada con un gran agujero para la cabeza de una persona

Distinguir entre oraciones verdaderas y falsas • En cada espacio, escribe *V* si la oración es correcta y *F* si es falsa.

_____ **1.** Hay un ligero desarrollo en las planicies al este de Bolivia.

_____ **2.** Una junta militar gobierna Chile.

_____ **3.** Bolivia es un país rico y próspero.

_____ **4.** La pobreza y la violencia política son los problemas del Perú actual.

_____ **5.** Guayaquil es una pequeña ciudad en Ecuador.

_____ **6.** Casi un tercio de todos los peruanos viven en Lima o Callao.

_____ **7.** Bolivia tiene dos capitales.

_____ **8.** Casi un tercio de todos los chilenos viven en Santiago.

_____ **9.** Quito es la capital de Perú.

_____ **10.** El norte de Perú incluye el desierto de Atacama.

_____ **11.** El río Amazonas no corre por Perú.

_____ **12.** Algunos ecuatorianos hablan quechua, un idioma de los incas.

Revisar hechos • En cada caso, encierra la palabra en negritas que completa *mejor* cada oración.

1. Las **cerezas / uvas** se venden por todo el mundo.

2. **Perú / Bolivia** tiene el porcentaje más alto de indígenas en América del Sur.

3. Chile quiere expandir sus lazos comerciales con **España / Estados Unidos**.

4. Los bolivianos **españoles / indígenas** usan sombreros hongos, ponchos y largas faldas.

5. Millones de peruanos hablan **inglés / quechua**.

6. Muchos ecuatorianos viven en las tierras **bajas / altas** de su país.

7. Un **golpe** / una **junta** es un pequeño grupo de oficiales militares que gobiernan un país después de tomar el poder.

8. **Callao / Guayaquil** es una ciudad portuaria que sirve a Lima.

9. Una arquitectura moderna rodea la vieja ciudad de **La Paz / Quito**.

10. La corte suprema de Bolivia se encuentra en **Santa Cruz / Sucre**.

Comprender economías • Por cada inciso de la izquierda, marca un cuadro debajo del país correcto. Algunos incisos pueden tener más de una respuesta.

	Ecuador	Bolivia	Perú	Chile
1. La Paz es la principal ciudad industrial.	❑	❑	❑	❑
2. Densos bosques tropicales proporcionan madera.	❑	❑	❑	❑
3. Tiene la más grande mina abierta de cobre del mundo.	❑	❑	❑	❑
4. Hay grandes depósitos de estaño.	❑	❑	❑	❑
5. Edificios coloniales españoles atraen al turismo.	❑	❑	❑	❑
6. Variedad de cultivos crecen en clima mediterráneo.	❑	❑	❑	❑
7. Los cultivos del Atacama se riegan con las corrientes de los Andes.	❑	❑	❑	❑
8. Las tierras bajas tienen depósitos naturales de gas.	❑	❑	❑	❑
9. Hay empleos en la industria y en el gobierno en Lima.	❑	❑	❑	❑
10. Región que crece rápido alrededor de Santa Cruz.	❑	❑	❑	❑
11. Los turistas visitan Machu Picchu y Cuzco.	❑	❑	❑	❑
12. Hay grandes depósitos de petróleo al este de los Andes.	❑	❑	❑	❑
13. Hay proyectos hidroeléctricos en los ríos costeros.	❑	❑	❑	❑
14. Exporta mucha materia prima.	❑	❑	❑	❑

Nombre ____________________ Grupo __________ Fecha __________

Europa del Sur

SECCIÓN 1

Vocabulario • Palabras que debes comprender:

- estrecho (262): paso reducido o canal que une dos cuerpos de agua
- columna vertebral (262): espina
- cromo (263): mineral metálico de color blanco plateado, muy duro y cristalino, que se emplea para fabricar acero
- explotar una cantera (263): quitar mármol, pizarra o piedra del suelo cortando o volando la roca
- mármol (263): piedra caliza dura, que se pule fácilmente, empleada en la construcción y en escultura

Clasificar información • Completa la tabla siguiente escribiendo cada accidente geográfico o masa de agua en la columna correcta.

Ibérica	Italia	Pirineos
Tíber	Duero	Alpes
Cantábricos	Ebro	Apeninos
Baleares	Sicilia	Grecia
Creta	Tajo	Cerdeña
Po	Peloponeso	Guadalquivir

Península	Monte	Río	Isla

Organizar ideas • Responde las preguntas en los espacios correspondientes.

1. ¿Por qué el sur de Europa también es conocido como la Europa mediterránea? ____________________

2. ¿Qué significa "Mediterráneo" en latín? ____________________

3. ¿Cómo veían las personas de la antigüedad al Mediterráneo? ______________________

____

4. ¿Qué une el Mediterráneo con el océano Atlántico? ______________________

____

5. ¿Cuáles son importantes puertos del Mediterráneo? ______________________

____

6. ¿Cuál es un puerto importante del océano Atlántico? ______________________

____

7. ¿Qué mar rodea la tierra firme de Grecia? ______________________

____

Revisar hechos • Encierra la palabra en negritas que completa *mejor* cada oración.

1. El sur de Europa generalmente tiene un clima **duro** / **templado**.
2. El **siroco** / **mosaico** es un viento caliente y seco que sopla del norte de África.
3. El valle del río Po es **húmedo** / **árido**.
4. Los Alpes del norte de Italia tienen un clima **subártico** / **de tierras altas**.
5. El norte de España es húmedo y **frío** / **caliente**.
6. El norte de España tiene muchas minas de mineral de **hierro** / **cobre**.
7. Grecia e Italia explotan canteras de **acero** / **mármol**.
8. El pastoreo excesivo y la deforestación han causado **erosión** / **sirocos** por todo el sur de Europa.
9. **Italia** / **Grecia** extrae cromo, bauxita, zinc y plomo.
10. Las **playas** / Los **desiertos** de España atraen a los turistas de todo el planeta.

Nombre ______________________ Grupo __________ Fecha ______________

Europa del Sur

SECCIÓN 2

Vocabulario • Palabras que debes comprender:

- democracia (264): forma de gobierno en la que todos los ciudadanos participan
- inventar (264): descubrir; originar; hacer por primera vez
- música folklórica (266): música que ha sido creada, tocada y transmitida por personas comunes

Reconocer logros • Completa la tabla siguiente escribiendo dos logros de los antiguos griegos. Escribe al menos dos en cada columna.

Gobierno	Artes

Ordenar sucesos en secuencia • Numera los siguientes sucesos en el orden en que ocurrieron.

_____ **1.** El Imperio Romano dividido en dos partes.

_____ **2.** Grecia ocupada por Alemania durante la Segunda Guerra Mundial.

_____ **3.** Constantinopla conquistada por turcos otomanos.

_____ **4.** Grecia conquistada por el rey Filipo, gobernador de Macedonia.

_____ **5.** Los griegos se rebelaron contra el gobierno turco.

6. La civilización griega surge en tierra firme por vez primera.

_____ **7.** Los griegos votaron para hacer de su país una república.

_____ **8.** Grecia se convierte en una nación independiente.

_____ **9.** Grecia y Macedonia conquistadas por el Imperio Romano.

_____ **10.** Los griegos comunistas pelearon en una guerra civil con aquéllos que querían una constitución y un rey.

Revisar hechos • En cada caso, encierra la letra de la *mejor* opción.

1. La mayoría de los griegos son
- **a.** budistas.
- **b.** judíos.
- **c.** cristianos ortodoxos del este.
- **d.** musulmanes.

2. ¿Por qué en Grecia la Cuaresma y la Navidad son dos semanas después de lo que ocurre en el Oeste?
- **a.** A los griegos no le gustan los días festivos.
- **b.** Los griegos tienen un calendario diferente.
- **c.** Los griegos piensan que los días festivos no son importantes.
- **d.** Los griegos desaprueban al Oeste.

3. El crecimiento económico de Grecia está centrado en
- **a.** Atenas.
- **b.** Creta.
- **c.** Tesalonia.
- **d.** Macedonia.

4. ¿Cuál de las industrias siguientes es clave para la economía de Grecia?
- **a.** el cultivo de uvas y la elaboración de vino
- **b.** los bancos y la moda
- **c.** la navegación y el turismo
- **d.** la extracción de petróleo crudo y su refinación

5. ¿Cuál de los cultivos siguientes no es importante en la economía de los griegos?
- **a.** cerezas
- **b.** aceitunas
- **c.** limones
- **d.** pasas

6. Los antiguos griegos son famosos por sus
- **a.** mesetas.
- **b.** diccionarios.
- **c.** mosaicos.
- **d.** novelas.

7. Aproximadamente 20 por ciento de los trabajadores griegos son empleados en
- **a.** las aseguradoras.
- **b.** la agricultura.
- **c.** la industria manufacturera.
- **d.** la pesca.

8. La comida, el arte y la música griega han tenido influencia de
- **a.** Portugal.
- **b.** España.
- **c.** Italia.
- **d.** Turquía.

Nombre ______________________ Grupo ____________ Fecha ______________

Europa del Sur

SECCIÓN 3

Vocabulario • Palabras que debes comprender:

- domos (268): techos redondeados formados por arcos
- arcos (268): estructuras curvas que soportan material sobre un espacio abierto como una puerta
- perseguido (269): oponerse cruelmente; atormentado; oprimido
- expulsado (270): sacado con fuerza; despedido
- separada (270): apartada; segregada
- ghettos (270): áreas urbanas segregadas cuyos residentes son objeto de discriminación social y económica
- granero (271): región que provee alimentos importantes, especialmente granos

Organizar ideas • Escribe tus respuestas en los espacios correspondientes.

1. Da dos ejemplos de las aportaciones de los antiguos romanos a la arquitectura. ______________

____

2. Proporciona dos ejemplos de las aportaciones de los antiguos romanos a la ingeniería. ______________

____

3. Da un ejemplo de las aportaciones de los antiguos romanos en el gobierno. ______________

____

4. Proporciona un ejemplo de las aportaciones de los antiguos romanos al lenguaje. ______________

____

5. Da un ejemplo de las aportaciones de los antiguos romanos a la religión. ______________

____

Comprender ideas • Escribe en el espacio la palabra o frase que completa correctamente cada oración.

1. El Renacimiento, que significa ______________________, empezó en los 1300s.

2. Las culturas antiguas de Grecia y ______________________ influyeron a los italianos durante el Renacimiento.

3. Los sabios del Renacimiento avanzaron en las ______________________ mediante el uso de la razón y la experimentación.

4. El científico ______________________ perfeccionó el telescopio y estudió la gravedad.

5. América se llama así por el explorador italiano ______________________.

6. Aunque España financió sus viajes, el explorador ______________________ era italiano.

7. El pintor del Renacimiento ______________________ también era escultor, arquitecto, científico e ingeniero.

8. Los viajes del explorador renacentista ______________________ abrieron América a la colonización europea.

9. Durante el Renacimiento, los judíos expulsados de ______________________ se trasladaron a las ciudades italianas e influyeron en la cultura.

10. Giovanni Boccaccio y Francesco Petrarca crearon algunas de las ______________________ más importantes del Renacimiento.

Clasificar información • Junto a cada frase, escribe la letra de la región correcta.

N: Norte de Italia **S**: Sur de Italia

______ **1.** Sus residentes comen la dieta mediterránea.

______ **2.** Tiene un suelo excelente para el cultivo de uvas y otros cultivos.

______ **3.** Los turistas ven ruinas antiguas y el arte del Renacimiento.

______ **4.** Ubicación de Nápoles, puerto importante y centro manufacturero.

______ **5.** Sufre una baja producción de cultivos.

______ **6.** Sus residentes comen mucho arroz, mantequilla, queso y champiñones.

______ **7.** El desarrollo de nuevos centros turísticos podría ayudar a la débil economía del área.

______ **8.** Es considerado el granero de Italia.

______ **9.** Ubicación de Venecia y Florencia, importantes ciudades turísticas.

______ **10.** Se ubican a las ciudades industriales de Turín, Milán y Génova.

Nombre ______________________ Grupo ____________ Fecha ______________

Europa del Sur

SECCIÓN 4

Vocabulario • Palabras que debes comprender:

- delicado (273): que tiene un diseño detallado
- nobles (273): personas que tienen un rango o título elevados; aristocratas
- modesto (273): razonable, moderado, no extremo
- dictador (273): gobernador con poder y autoridad totales
- separatistas (274): miembros de un grupo que quiere separarse de un país
- porcelana (274): cerámica dura, blanca, lisa y translúcida

Ordenar sucesos en secuencia • Numera los siguientes sucesos de la historia de España en el orden en que ocurrieron.

______ **1.** Las colonias de España en América ganan su independencia.

______ **2.** El Papa da a España las tierras occidentales, excepto Brasil.

______ **3.** Se libra una guerra civil entre los partidarios de Franco y los partidarios de la democracia.

______ **4.** La armada española conquista Granada, el último reducto moro.

______ **5.** Personas de la antigüedad pintaron animales en las paredes de las cuevas.

______ **6.** La dictadura de Francisco Franco terminó.

______ **7.** El rey de España perdió el poder.

______ **8.** Iberia se convirtió en parte del Imperio Romano y adoptó el latín.

Organizar ideas • Explica de qué manera las siguientes ideas demuestran que España y Portugal han tenido influencia de otras culturas.

1. Los tomates y los chiles se usan en la cocina de España y Portugal. ______________________

____

2. La popularidad de la religión católica romana en España y Portugal. ______________________

____

3. Las fiestas que se celebran en España y Portugal. ______________________

____

4. Decorados de la porcelana de España. ____________________

____

5. Melodías portuguesas y danzas españolas. ____________________

____

Ordenar sucesos en secuencia • Numera los siguientes sucesos de la historia de Portugal en el orden en que ocurrieron.

_____ **1.** La monarquía en Portugal fue rechazada

_____ **2.** La revolución expulsó a la dictadura portuguesa

_____ **3.** El rey de España y Portugal envió una enorme armada para invadir Inglaterra

_____ **4.** Los moros conquistaron casi toda la península Ibérica

_____ **5.** El gobierno portugués se convirtió en una democracia establecida con un presidente y un primer ministro

_____ **6.** El ejército portugués derrocó la república, y un dictador tomó el poder

_____ **7.** Portugal empezó a enviar exploradores alrededor del mundo

_____ **8.** El Papa le dio las tierras del este a Portugal

Identificar términos y lugares • Relaciona cada descripción de la izquierda con el término correcto de la derecha. Escribe la letra de la respuesta correcta en el espacio correspondiente.

_____ **1.** Principal producto tanto de España como de Portugal

_____ **2.** Capital de Portugal e importante puerto

_____ **3.** Exporta naranjas

_____ **4.** Puerto español del Mediterráneo

_____ **5.** Hace y exporta ropa y productos de madera

_____ **6.** La capital de España

_____ **7.** Pertenece tanto a España como a Portugal

a. este de España

b. Barcelona

c. Portugal

d. Unión Europea

e. Madrid

f. corcho

g. Lisboa

Nombre ______________________ Grupo ____________ Fecha ____________

Europa Centro-occidental

SECCIÓN 1

Vocabulario • Palabras que debes comprender:

- proyecta (280): que sobresale
- arrancaron (280): quitaron
- canales (281): caminos de agua artificiales empleados para la transportación
- puerto (281): brazo protegido de un cuerpo de agua en el que los barcos pueden echar ancla
- fiordo (281): bahía; ensenada

Identificar lugares y características físicas • Completa la tabla siguiente escribiendo cada lugar o característica física abajo del encabezado correcto.

Luxemburgo
Países Bajos
Alpes
Pirineos
Planicie europea del norte
macizo central
Mont Blanc
Matterhorn
Bretaña
Schwarzwald

Tierras bajas	Tierras altas	Montañas

Revisar hechos • Contesta las preguntas en los espacios correspondientes.

1. ¿Cómo afecta el océano Atlántico el clima de Europa Centro-occidental? ______________________

____

2. ¿Cómo afecta el deshielo de los Alpes los ríos de Europa Centro-occidental? ______

____

3. ¿Cómo afectan los ríos, los canales y los puertos la economía de los países de Europa Centro-occidental? ____

____

Clasificar ríos • Junto a cada río, escribe la letra del país correcto.

G: Alemania F: Francia

_____ **1.** Elba

_____ **2.** Danubio

_____ **3.** Loira

_____ **4.** Rin

_____ **5.** Sena

_____ **6.** Garona

_____ **7.** Weser

_____ **8.** Ródano

_____ **9.** Oder

Distinguir entre oraciones verdaderas y falsas • En cada espacio, escribe *V* si la oración es correcta y *F* si es falsa.

_____ **1.** Las planicies de Alemania no tienen suficiente loes.

_____ **2.** Francia y Alemania deben importar mineral de hierro.

_____ **3.** Alemania y Francia producen uvas para excelentes vinos.

_____ **4.** Hay depósitos de gas natural en Holanda.

_____ **5.** Los Alpes proporcionan energía eólica para Austria y Suiza.

_____ **6.** Los pastos de los Alpes en Suiza alimentan a muchas vacas lecheras.

_____ **7.** Hay muchos recursos energéticos en Europa Centro-occidental.

_____ **8.** Las bellezas del paisaje son quizá el recurso natural más valioso de los países alpinos.

Nombre ______________________ Grupo __________ Fecha __________

Europa Centro-occidental

SECCIÓN 2

Vocabulario • Palabras que debes comprender:

- celtas (282): pueblo antiguo que vivió en el centro y el oeste de Europa
- galés (282): lengua celta empleada en Gales
- gaélico (282): lengua celta usada en Escocia
- impresionante (283): que causa admiración o maravilla
- sistema métrico (283): sistema de pesos y medidas basado en el metro, gramo y otras unidades
- devastado (283): destruido; aplastado

Identificar contribuciones • Relaciona cada aportación con el grupo o la persona correctos de la columna de la derecha. Escribe la letra de la respuesta en el espacio correspondiente.

______	**1.** Reformador del sistema educativo francés	**a.** romanos
______	**2.** Establecieron colonias en la costa sur de Galia	**b.** francos
______	**3.** Construyó muchas catedrales hermosas e impresionantes	**c.** Carlomagno
______	**4.** Personas que le dieron a Francia su nombre	**d.** Napoleón Bonaparte
______	**5.** Establecieron el idioma que se desarrolló en Francia	**e.** griegos
______	**6.** Revivió la vida política y cultural de Europa	**f.** Iglesia Católica Romana
______	**7.** Conquistó Inglaterra	**g.** normandos
______	**8.** Se establecieron en Normandía.	**h.** duque de Normandía

Organizar ideas • Debajo de cada categoría, anota cuatro productos que se produzcan en Francia.

Agricultura	Industria
______________________	______________________
______________________	______________________
______________________	______________________
______________________	______________________

Apreciar el arte • Completa la tabla siguiente anotando datos acerca del impresionismo.

1. ¿Qué es el impresionismo?	
2. ¿Cuándo se dio el movimiento impresionista?	
3. ¿Quiénes son los pintores impresionistas más famosos?	
4. ¿Cómo influyó el impresionismo al arte?	

Revisar hechos • Encierra la palabra en negritas que completa *mejor* cada oración.

1. Francia es el líder mundial en la industria **pesquera / fílmica**.
2. La ciudad más grande de Francia es **Niza / París**.
3. La mayoría de las ciudades importantes de Francia están unidas por **barcos / trenes**.
4. Francia tiene una tradición muy respetable en poesía, filosofía y **música / biología**.
5. Cerca del noventa por ciento de los franceses son católicos **romanos / musulmanes**.
6. Francia gradualmente está reemplazando su moneda, el franco, por **el euro / el peso**.
7. La Revolución Francesa empezó en **1776 / 1789**.
8. La toma de la Bastilla se celebra el **4 de julio / 14 de julio**.

Nombre ____________________ Grupo ____________ Fecha ____________

Europa Centro-occidental

SECCIÓN 3

Vocabulario • Palabras que debes comprender:

- emigrado (286): desplazado
- extremo (286): punta
- rivalidades (287): competencias
- derrotado (287): vencido; batido
- próspero (287): rico; acaudalado
- asociación (288): conexión
- enfatizar (288): acentuar; dar importancia a

Identificar hechos mundiales • Completa la tabla siguiente escribiendo el número de cada oración abajo del encabezado correcto.

1. Provocó que Alemania estuviera dividida en diferentes zonas de ocupación.
2. El resultado fue que Alemania pagó fuertes multas a los países que invadió.
3. Obligó a Alemania a ceder partes de su territorio.
4. Terminó con la derrota alemana en 1945.
5. Se exigió que Alemania abandonara sus colonias de ultramar.
6. Provocó la división de Alemania en Alemania Occidental y Alemania Oriental.

Primera Guerra Mundial	Segunda Guerra Mundial

Organizar ideas • Responde las preguntas en los espacios correspondientes.

1. ¿Quién controló Alemania Oriental y Alemania Occidental después de la Segunda Guerra Mundial? ____________________
2. ¿Qué ocurrió con la economía de Alemania Oriental y Alemania Occidental? ____________________

3. ¿Cuáles eran los sistemas políticos de Alemania Oriental y Alemania Occidental? ______________

____

4. ¿Por qué se derribó el muro de Berlín? ______________________________

____

Identificar eras • Junto a cada frase, escribe el número romano de la era correcta de la historia alemana.

I. Sacro Imperio Romano
II. Reforma y unificación
III. Guerras mundiales
IV. Reunificación y gobierno moderno

______ **1.** Rivalidades nacionales y un problema en los Balcanes desembocaron en un conflicto militar.

______ **2.** Los estados protestantes alemanes se unieron para defenderse contra el emperador del Sacro Imperio Romano.

______ **3.** El muro de Berlín se derribó, y las Alemanias Oriental y Occidental se reunificaron.

______ **4.** El rey franco Carlomagno gobernó lo que se conoce ahora como Alemania.

______ **5.** Cerca de 6 millones de judíos y millones de otras personas murieron durante el Holocausto.

______ **6.** Por la Guerra de los Treinta Años murieron cerca de un tercio de los habitantes de Alemania.

______ **7.** Alemania y sus aliados fueron derrotados en 1918.

______ **8.** Los alemanes orientales demandaron una reforma democrática.

______ **9.** El rey Carlomagno trató de crear una versión del Imperio Romano.

______ **10.** Alemania invadió Polonia, Austria y Checoslovaquia.

______ **11.** La capital de Alemania se trasladó de Bonn a Berlín.

______ **12.** Los protestantes rechazaron muchas prácticas de la Iglesia Católica.

______ **13.** Alemania se convirtió en una república con su parlamento, presidente y canciller.

______ **14.** Prusia encabezó la creación de una Alemania unificada.

______ **15.** Los francos se convirtieron en la tribu más importante de Alemania.

Nombre ______________________ Grupo ____________ Fecha ____________

Europa Centro-occidental

SECCIÓN 4

Vocabulario • Palabras que debes comprender:

- conquistas (290): tierra, personas y países que se toman en una guerra
- alternativamente (290): primero uno y después el otro
- marcado (290): danado seriamente
- monarca (290): rey o reina
- obligación simbólica (290): relacionado con una ceremonia; vacía; sin sentido
- retratado (292): representado

Identificar países • Relaciona cada oración de la columna izquierda con el país correcto de la derecha. Escribe la letra de la respuesta correcta en el espacio correspondiente.

_____ **1.** Gobernó los Países Bajos

_____ **2.** Ocupó los Países Bajos durante la Segunda Guerra Mundial

_____ **3.** Gobernado en periodos diferentes por los Países Bajos y Francia

_____ **4.** Fueron los pobladores originales, conquistados por los romanos

_____ **5.** Gobernados por un parlamento y una monarquía

_____ **6.** Controla varias islas del Caribe

a. Bélgica

b. Alemania

c. España

d. los Países Bajos

e. tribus celtas y germánicas

f. países del Benelux

Comprender la cultura • En cada espacio, describe la cultura de los países del Benelux.

1. Idiomas: ______________________________

____

2. Religiones: ______________________________

____

3. Inmigrantes: ______________________________

____

4. Comidas: ______________________________

____

5. Artes: ____

____

Revisar hechos • **En cada caso, encierra en un círculo la letra de la *mejor* opción.**

1. ¿Cuál de los siguientes países no es un importante centro de corte de diamantes?
a. Bélgica
b. Amsterdam
c. Amberes
d. Luxemburgo

2. Luxemburgo gana gran parte de sus ingresos de
a. transporte marítimo.
b. bancos.
c. chocolate.
d. agricultura.

3. ¿Cuál de los siguientes países es famoso por sus tulipanes?
a. Luxemburgo
b. Bélgica
c. Países Bajos
d. Francia

4. Los Países Bajos y Bélgica exportan todos los productos siguientes excepto
a. vino.
b. quesos.
c. chocolate.
d. cacao.

5. Una ciudad cosmopolita
a. no es una área metropolitana.
b. fue parte de Constantinopla.
c. es gobernada por un canciller.
d. tiene muchas influencias extranjeras.

6. ¿Cuál de los siguientes países tiene sedes de muchas organizaciones internacionales?
a. Amberes
b. Bruselas
c. Rotterdam
d. Amsterdam

Nombre ______________________ Grupo __________ Fecha ____________

Europa Centro-occidental

Sección 5

Vocabulario • Palabras que debes comprender:

- neutral (293): que no toma partido por nadie
- alianza (294): fidelidad; devoción
- afiliación (294): asociación
- sinfonías (295): largas composiciones musicales para toda la orquesta

Ordenar sucesos en secuencia • Numera los siguientes sucesos de la historia de Suiza en el orden en que ocurrieron.

______ **1.** Los cantones suizos gradualmente se separaron del Sacro Imperio Romano.

______ **2.** Suiza se convirtió en una confederación de 26 cantones.

______ **3.** Suiza es ocupada por tribus celtas.

______ **4.** Suiza permanece neutral durante la Primera y la Segunda Guerra Mundial.

______ **5.** Los cantones suizos están gobernados por el Sacro Imperio Romano.

______ **6.** Suiza se convierte en un país independiente.

Comprender ideas • Escribe en el espacio la palabra o frase que completa correctamente cada oración.

1. La mayor parte de las personas en Austria practican la religión ____________________.

2. La mayoría de las personas en Suiza hablan ____________________.

3. ____________________ es la fiesta más importante de Suiza y Austria.

4. La ciudad austriaca de ____________________ es un centro musical y de arte refinado.

5. En el campo suizo, los días festivos celebran el regreso del ____________________ de los Alpes durante el otoño.

Ordenar sucesos en secuencia • Numera los siguientes sucesos de la historia de Austria en el orden en que ocurrieron.

______ **1.** Los Habsburgo gobernaron España, los Países Bajos, grandes áreas de Alemania, el este de Europa e Italia.

______ **2.** El Sacro Imperio Romano es reemplazado por el Imperio Austriaco.

______ **3.** El gobierno de los Habsburgo comienza en Austria.

______ **4.** Las personas del Imperio Austriaco empezaron a desarrollar su nacionalismo.

______ **5.** Austria es una región fronteriza de Alemania durante la Edad Media.

______ **6.** Los austriacos estuvieron de acuerdo en compartir el poder político con los húngaros.

______ **7.** Napoleón hizo conquistas, y el Sacro Imperio Romano fue eliminado.

______ **8.** Austria es integrante de la Unión Europea.

______ **9.** El Imperio Austriaco se disuelve después de la Primera Guerra Mundial.

______ **10.** Napoleón es derrotado, y el Imperio Austriaco domina el centro de Europa.

______ **11.** Los alemanes toman Austria y la hacen parte de Alemania.

______ **12.** Los aliados ocupan Austria hasta 1955.

Identificar similitudes y diferencias • Después de leer cada uno de los incisos siguientes, marca un cuadro de la derecha.

	Suiza	Austria	Ambos países
1. Produce productos lácteos	❑	❑	❑
2. Famoso por sus relojes	❑	❑	❑
3. Mayor productor de chocolate	❑	❑	❑
4. Viena es su centro comercial	❑	❑	❑
5. El paisaje atrae turistas	❑	❑	❑
6. Su capital es Berna	❑	❑	❑
7. Se relaciona con Europa por medio de autopistas	❑	❑	❑
8. Manufactura maquinaria	❑	❑	❑

Nombre ______________________ Grupo ______________ Fecha ______________

Europa del Norte

SECCIÓN 1

Vocabulario • Palabras que debes comprender:

- ensenada (300): entrada de agua estrecha y pequeña que se extiende tierra adentro desde un cuerpo de agua
- reservas (301): cosas que han sido almacenadas; depósitos
- heladas (301): temperaturas suficientemente bajas para causar heladas
- musgo (301): plantas pequeñas aterciopeladas que crecen en zonas húmedas de árboles, rocas y de otros objetos

Identificar lugares • Relaciona cada descripción de la columna de la izquierda con el lugar correcto de la derecha. Escribe la letra de la respuesta correcta en el espacio correspondiente.

______	**1.** Costa que tiene muchos fiordos	**a.** Islandia
______	**2.** Isla más grande del mundo	**b.** Irlanda
______	**3.** Sus lagos se llaman rías	**c.** montañas del Noroeste
______	**4.** Contiene las montañas Kjølen	**d.** Escocia
______	**5.** Incluye el río más largo de las islas Británicas	**e.** Noruega
______	**6.** Más del 10 por ciento está cubierto por glaciares	**f.** Groenlandia
______	**7.** Une la península de Jutlandia con las islas cercanas	**g.** península escandinava
______	**8.** Se localiza entre Noruega y Suecia	**h.** Dinamarca

Identificar recursos naturales • Identifica dos de los recursos naturales de Europa del Norte en cada una de las siguientes categorías.

1. Agua: ____

____

____

2. Bosques y suelos: ____

____

____

3. Energía: ____

____

____

Revisar hechos • En cada caso, encierra la letra de la *mejor* opción.

1. Un clima continental húmedo puede encontrarse en
- **a.** el este de Groenlandia e Islandia.
- **b.** Dinamarca y el oeste de Irlanda.
- **c.** el centro de Suecia y el sur de Finlandia.
- **d.** Escocia y el sur de Noruega.

2. ¿Cuál de los siguientes climas existe en Europa del Norte?
- **a.** húmedo subtropical
- **b.** subártico
- **c.** desértico
- **d.** de sabana

3. Los vientos del oeste que soplan sobre la corriente del Atlántico Norte provocan
- **a.** tifones y calor extremo.
- **b.** sequías y tormentas de arena.
- **c.** huracanes y ventiscas.
- **d.** lluvias y temperaturas templadas.

4. Gran parte del norte de Europa del Norte tiene
- **a.** un clima marítimo de costa occidental.
- **b.** un clima húmedo continental.
- **c.** un clima de tundra.
- **d.** un clima subártico.

5. ¿Por qué sólo pequeñas plantas crecen en la región de la tundra de Europa del Norte?
- **a.** Los veranos son muy largos.
- **b.** No hay suficiente agua.
- **c.** El área está fría casi todo el año.
- **d.** La región tiene inviernos cortos.

6. Las regiones subárticas boscosas de Europa del Norte tienen
- **a.** primaveras largas con días cortos.
- **b.** veranos cortos con días largos.
- **c.** otoños largos con días cortos.
- **d.** inviernos largos con días largos.

Nombre ______________________ Grupo ______________ Fecha ______________

Europa del Norte

SECCIÓN 2

Vocabulario • Palabras que debes comprender:

- cuna (303): lugar de nacimiento, origen o desarrollo
- red (303): sistema de cosas que se conectan o cruzan
- avena (304): cereal caliente, blando y espeso, hecho al cocer las hojuelas
- provocado (304): causado; iniciado; activado
- ferozmente (305): con enfado; con resentimiento

Describir eras • Completa la tabla siguiente describiendo cada era de la historia del Reino Unido.

Una potencia mundial
Descripción:
Declinación del imperio
Descripción:

Comprender ideas • Escribe en el espacio la palabra, frase o lugar que completa correctamente cada oración.

1. El término escocés para valle es ______________.

2. Las ______________ modernas producen aproximadamente el 60 por ciento de la comida del país.

3. Glasgow, Cardiff y Belfast son ciudades en Escocia, ______________ e Irlanda del Norte.

4. La mayoría de los británicos vive en areas ______________.

5. La violencia en ______________ ha sido un problema difícil para el Reino Unido.

6. El mar del ____________________ tiene reservas de petróleo y gas natural.

7. La mayor parte de las antiguas colonias británicas son integrantes de la Mancomunidad Británica de las ____________________.

8. ____________________, Inglaterra, es la ciudad más grande y la capital del Reino Unido.

9. Muchos católicos romanos de Irlanda del Norte quieren que su país se una a la ____________________ de Irlanda.

10. Una área de ____________________ se conoce como el Silicon Glen porque tiene muchos negocios de electrónica y cómputo.

11. En Irlanda del Norte, la minoría católica romana y la mayoría ____________________ tienen dificultades.

12. Irlanda del Norte también se llama ____________________.

13. Muchos británicos trabajan en industrias ____________________, que abarcan seguros, educación, la banca y el turismo.

14. El Reino Unido es un miembro líder de la Unión Europea, la Organización del Tratado del Atlántico Norte y de las ____________________.

15. La ciudad de ____________________ es popular entre los turistas por sus famosos sitios históricos, teatros y tiendas.

Comprender la cultura • Completa la tabla siguiente escribiendo un ejemplo de la cultura del Reino Unido en cada una de las categorías señaladas.

Idiomas	
Religiones	
Comidas	
Días festivos	
Literatura	
Música	

Nombre ______________________ Grupo ____________ Fecha ______________

Europa del Norte

Sección 3

Vocabulario • Palabras que debes comprender:

- rebelado (308): en lucha; que opone resistencia
- promover (309): fomentar; popularizar; avanzar
- *hurling* (309): juego irlandés al aire libre semejante al *hockey* de campo y *lacrosse*
- arpa irlandesa (309): instrumento musical con unas cuerdas tensadas en un marco, que se toca pulsándolas

Identificar periodos de tiempo • Escribe en los espacios el periodo de tiempo de la lista siguiente. Una de las respuestas no se usa.

1100s d.C.	1916	1949	1990
1840s	1921	1973	fines de la década de 1990

______________ **1.** Los rebeldes irlandeses atacaron las tropas británicas durante el Levantamiento de Pascua.

______________ **2.** Todos los lazos entre Gran Bretaña y la República de Irlanda se rompieron.

______________ **3.** Los votantes irlandeses eligieron por vez primera a una mujer para que fuera su presidenta.

______________ **4.** El precio de la vivienda se incrementó rápidamente y los irlandeses se trasladaron a las áreas urbanas.

______________ **5.** Irlanda fue conquistada por Inglaterra.

______________ **6.** La mayor parte de Irlanda ganó su independencia.

______________ **7.** Una economía pobre y la hambruna obligaron a millones de irlandeses a abandonar Irlanda.

Organizar ideas • Escribe tus respuestas en los espacios.

1. Describe el gobierno actual de Irlanda: ______________________________

____

2. Nombre del idioma oficial de Irlanda: ______________________

3. Proporciona un ejemplo de la cultura irlandesa que se ha vuelto popular en otros países: ______

4. Identifica la religión principal de Irlanda: ______________________

Identificar ideas • Relaciona cada descripción de la izquierda con el término, la frase o el lugar de la derecha. Escribe la letra de la respuesta correcta en el espacio correspondiente.

______	**1.** Ciudades de la costa de Irlanda	**a.** Irlanda en el pasado
______	**2.** Gran escasez de comida	**b.** Dublín
______	**3.** Primordialmente un país industrial	**c.** turba
______	**4.** Suelo blando anegado	**d.** Galway y Cork
______	**5.** Capital de Irlanda y su ciudad más grande	**e.** hambruna
______	**6.** Principalmente un país agrícola	**f.** Irlanda en el presente
______	**7.** Plantas muertas, usualmente musgos, empleados como combustible	**g.** pantano

Nombre ______________________ Grupo ____________ Fecha ______________

Europa del Norte

SECCIÓN 4

Vocabulario • Palabras que debes comprender:

- próspero (311): afortunado, rico; en desarrollo
- mineral (312): sitio natural, no trabajado, de donde puede extraerse metal
- independiente (314): libre de influencias, poder o control externos

Identificar capitales • Dibuja una línea que conecte cada país o territorio con su capital.

1. Dinamarca	Estocolmo
2. Noruega	Reikiavik
3. Suecia	Nuuk o (Godthab)
4. Finlandia	Copenhague
5. Groenlandia	Oslo
6. Islandia	Helsinki

Describir sitios • Completa la tabla siguiente describiendo la ubicación de cada país, territorio o región cultural.

País	Ubicación
Noruega	
Suecia	
Dinamarca	
Groenlandia	
Islandia	
Finlandia	
Laponia	

Comprender economías • Escribe en cada espacio los nombres del país, territorio o región cultural correctos de la lista siguiente. Algunas respuestas pueden usarse más de una vez.

Dinamarca Laponia Groenlandia Islandia
Finlandia Noruega Suecia

______________________ **1.** La pesca es su actividad económica más importante.

______________________ **2.** Cerca del 60 por ciento de su tierra se utiliza para la agricultura.

______________________ **3.** Hay valiosos recursos de petróleo y de gas natural en las cercanías con el mar del Norte.

______________________ **4.** El agua caliente de los géiseres se emplea para calentar los hogares e invernaderos.

______________________ **5.** Sus principales fuentes de riqueza son la minería, sus bosques, la manufactura y la agricultura.

______________________ **6.** Los sami apoyan el pastoreo de renos y el turismo.

______________________ **7.** Los recursos del bosque, los productos metálicos, la construcción naviera y la electrónica dirigen su economía.

______________________ **8.** Mineral de hierro, automóviles y teléfonos inalámbricos son sus mayores exportaciones.

______________________ **9.** Más de la mitad de sus alimentos se importan de otros países.

______________________ **10.** Se importan energía y materias primas para manufactura.

Explicar similitudes • Explica en qué son semejantes los países escandinavos en cada una de las áreas siguientes.

1. Lengua: ____

____

2. Religión: ____

____

3. Gobierno: ____

____

4. Forma de vida: ____

____

Nombre ______________________ Grupo __________ Fecha ____________

Europa Oriental

SECCIÓN 1

Vocabulario • Palabras que debes comprender:

- paralelo (320): junto a; a un lado de
- azufre (321): elemento no metálico amarillo pálido, inflamable que se emplea en cerillos, pólvora y otros productos
- fosilizado (321): endurecido; preservado; petrificado
- savia (321): jugo que circula a través de una planta
- destrucción (321): ruina; demolición; devastación

Clasificar países • Completa la tabla siguiente escribiendo cada nombre debajo de la categoría correcta.

Albania	Bulgaria	Lituania
Latvia	Hungría	Eslovaquia
Polonia	República Checa	Rumania
Estonia	Moldavia	Países que formaron parte de Yugoslavia

Centro geográfico de Europa	Países del Báltico	Países de los Balcanes

Comprender ideas • Escribe en el espacio la palabra, la frase o el lugar que completa correctamente cada oración.

1. El río más importante de Europa Oriental es el ______________.
2. El sur y el ______________ de Europa Oriental tienen inviernos templados y veranos secos.
3. ______________ es un terrible problema como consecuencia de años de industrialización bajo el régimen comunista.
4. La mitad ______________ de la región oriental de Europa tiene veranos cortos y lluviosos e inviernos largos y nevados.
5. El río Danubio corre por ______________ países.
6. El delta del mar ______________ se forma por el cieno del Danubio.

7. ______________________ es sabia fosilizada de los árboles que se encuentra a lo largo de la costa del mar Báltico.

8. Un clima soleado y cálido atrae a turistas a la costa del mar ______________________.

Identificar accidentes geográficos • Relaciona cada descripción de la izquierda con el accidente geográfico correcto de la derecha. Escribe la letra de la respuesta correcta en el espacio correspondiente.

______ 1. Corren paralelos a la costa del mar Adriático.

______ 2. Son parte de la planicie europea del norte.

______ 3. Doblan al sur y al oeste hacia Rumania.

______ 4. Se alargan hacia el este por la península balcánica.

______ 5. Se extienden de la República Checa y cruzan el sur de Polonia.

______ 6. Se extiende por el paso medio del río Danubio.

a. los Balcanes

b. montes Cárpatos

c. Gran Planicie Húngara

d. planicies de Polonia

e. Alpes Dináricos

f. Alpes Transilvanos

Identificar recursos naturales • Para cada recurso natural de la izquierda, marca el país correcto de la derecha.

	Polonia	Eslovaquia	Hungría	Estonia	Rumania
1. Bauxita	❏	❏	❏	❏	❏
2. Petróleo	❏	❏	❏	❏	❏
3. Aceite de ballena	❏	❏	❏	❏	❏
4. Lignito	❏	❏	❏	❏	❏
5. Sal	❏	❏	❏	❏	❏

Nombre ______________________ Grupo __________ Fecha __________

Europa Oriental

SECCIÓN 2

Vocabulario • Palabras que debes comprender:

- santuario (323): sitio o estructura empleada en el culto religioso
- curado (323): preservado mediante sal o humo
- transbordador (324): embarcaciones que transportan personas, coches y productos de consumo para cruzar un río o una masa de agua estrecha
- sector (326): segmento; parte; sección

Identificar grupos • Encierra la palabra en negritas que completa *mejor* cada oración.

1. Los **eslavos / franceses** vinieron del norte del mar Negro, y después se trasladaron al oeste de Polonia y a otros países.
2. En los 1200s los **griegos / mongoles** viajaron del Centro de Asia hacia Hungría.
3. Los **romanos / magiares** se trasladaron hacia la Gran Planicie Húngara a fines de los 800s.
4. El nordeste de Europa fue poblado por vez primera por los **balcánicos / bálticos**.
5. Los **británicos / alemanes** colonizaron Polonia y la región del oeste de la actual República Checa.

Comprender la cultura • Completa la siguiente tabla escribiendo el número de cada inciso debajo de la categoría correcta.

1. Fréderic Chopin
2. carpa
3. peregrinación al santuario de la Madona Negra
4. Marie Curie
5. trucha
6. Franz Kafka
7. Nicolaus Copernicus

Días festivos	Comidas	Literatura	Música	Ciencia

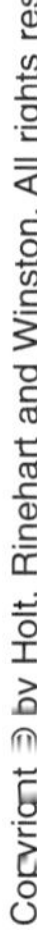

Identificar periodos de tiempo • Junto a cada frase, escribe el número romano del periodo de tiempo correcto correspondiente a la historia del nordeste de Europa.

I. Antes de la Primera Guerra Mundial
II. Entre la Primera y Segunda Guerras Mundiales
III. Entre la Segunda Guerra Mundial y 1988
IV. De 1989 al presente

______ **1.** Los húngaros se separaron del Imperio Austro-Húngaro.

______ **2.** Checoslovaquia era parte del Imperio Austro-Húngaro.

______ **3.** Lituania y Polonia eran un solo país.

______ **4.** Checoslovaquia estaba gobernada por Alemania.

______ **5.** Polonia estaba dividida entre sus vecinos.

______ **6.** Polonia, Hungría y la República Checa se unieron a la OTAN.

______ **7.** La Unión Soviética estableció un gobierno comunista en Polonia.

______ **8.** Un gobierno comunista gobernaba Hungría.

Revisar hechos • Escribe en cada espacio el nombre del país correcto de la lista siguiente.

Estonia
Eslovaquia
República Checa
Lituania
Letonia
Hungría
La antigua Checoslovaquia
Polonia

____________________ **1.** Bratislava, su capital, se localiza en el río Danubio.

____________________ **2.** La mayor parte de la industria de la nación se localiza en y alrededor de la capital, Praga.

____________________ **3.** País báltico más al sur, que tiene antiguos lazos con Polonia.

____________________ **4.** Se dividió pacíficamente en dos países en 1993.

____________________ **5.** Cerca del 30 por ciento de su población pertenece a la etnia rusa.

____________________ **6.** Cerca del 20 por ciento del total de su población vive en la capital, Budapest.

____________________ **7.** El país más grande y más poblado del nordeste de Europa.

____________________ **8.** El más grande de los países bálticos, que una vez formó parte del Imperio Ruso y de Suecia.

Nombre ______________________ Grupo ______________ Fecha ______________

Europa Oriental

SECCIÓN 3

Vocabulario • Palabras que debes comprender:

- metalurgistas (328): obreros que hacen objetos de metal
- alentar (329): dar apoyo a
- ocupación (329): posesión de terreno por la fuerza, embargo o colonización
- reclamó (331): se hizo valer el derecho de; demandó
- en conflicto (333): comprometido en una larga y violenta disputa o riña

Reconocer causa y efecto • En cada espacio, completa la descripción de cada causa o efecto.

1. El asesinato del heredero al trono del Imperio Austro-Húngaro **provocó** que Austria le declarara la guerra a ______________________.
2. La ayuda ______________________ y el nacionalismo serbio **provocaron** que Serbia se convirtiera en una región con un autogobierno en 1817.
3. La Primera Guerra Mundial **provocó** que ______________________ se transformara en un pequeño territorio.
4. La influencia de los ______________________ **provocó** que muchas personas se convirtieran al islamismo.
5. La dominación austro-húngara **provocó** que muchas personas de Eslovenia y Croacia se convirtieran a la religión ______________________.
6. Los tratados de paz después de la ______________________ **provocaron** que se creara Yugoslavia, cuyo nombre significa "tierra de los eslavos del sur".
7. El nacionalismo eslavo **provocó** que los ______________________ ocuparan Herzegovina y Bosnia.
8. La Primera Guerra Mundial **provocó** que ______________________ perdiera su provincia oriental de Rumania.

Distinguir un hecho de una opinión • En cada espacio, escribe *H* si la oración es un hecho y *O* si es una opinión.

______ **1.** Cerca del 90 por ciento de la población de Rumania pertenece a la etnia rumana.

______ **2.** Si los croatas dejaran de pelear, la economía inmediatamente prosperaría.

______ **3.** La población de Moldavia refleja su diversidad histórica.

______ **4.** Montenegro y Serbia no deberían seguir unidas.

_____ **5.** Albania no debió haber peleado con China y con la Unión Soviética.

_____ **6.** La mayoría de las personas en Eslovenia son católicos romanos.

_____ **7.** Sarajevo era la capital más hermosa de todos los países del sudeste de Europa.

_____ **8.** La economía búlgara ha progresado muy lentamente desde la caída del comunismo.

Ordenar sucesos en secuencia • Numera los siguientes sucesos en el orden en que ocurrieron.

_____ **1.** El gobierno comunista en Rumania fue derrocado.

_____ **2.** Bulgaria y Moldavia cambiaron a una economía de mercado.

_____ **3.** Un gobierno comunista tomó el poder en Yugoslavia.

_____ **4.** Croacia, Bosnia, Eslovenia, Macedonia y Herzegovina empezaron a separarse de Yugoslavia.

_____ **5.** Yugoslavia fue ocupada por Alemania durante la Segunda Guerra Mundial.

_____ **6.** Murió el líder Josip Broz Tito.

Organizar ideas • Escribe tus respuestas en los espacios correspondientes.

1. Describe la comida de los Balcanes: ____________________

____

____

2. Describe el conflicto religioso de los Balcanes: ____________________

____

____

3. Describe los idiomas de los Balcanes: ____________________

____

____

4. Describe los días festivos en los Balcanes: ____________________

____

____

Nombre ____________________ Grupo ______________ Fecha ______________

Rusia

SECCIÓN 1

Vocabulario • Palabras que debes comprender:

- barcaza (352): barcos grandes, poco profundos, que transportan cargas pesadas en las masas de agua
- deshielo (353): cambio del estado congelado al estado líquido
- permafrost (353): suelo que está congelado permanentemente
- picea (353): árboles pinados siempre verdes, de agujas delgadas y de madera ligera y suave
- abeto (353): árboles pinados siempre verdes, que da piñas y tiene agujas planas
- de hojas caducas (353): que cambia sus hojas cada año

Describir lugares • Describe brevemente la ubicación de cada una de las características físicas siguientes.

1. mar de Barents ____________________
2. montes Cáucaso ____________________
3. montes Urales ____________________
4. Siberia ____________________
5. península de Kamchatka ____________________
6. islas Kuriles ____________________

Revisar hechos • Contesta las preguntas en los espacios correspondientes.

1. ¿Cuál es el país más grande del mundo? ____________________
2. ¿Cuál es el lago más grande del mundo? ____________________
3. ¿Cuál es la cumbre más alta de Europa? ____________________
4. ¿Cuál es el río más largo de Europa? ____________________

Identificar ríos • En cada caso, encierra la letra de la *mejor* opción.

1. Siberia tiene los siguientes ríos, excepto
   a. el Yenisey
   b. el Ob
   c. el Don
   d. el Lena

2. Los ríos siberianos que desembocan en el Ártico
   a. no tienen hielo todo el año.
   b. provocan inundaciones durante el otoño.
   c. se congelan durante el invierno.
   d. transportan glaciares del norte de Rusia.

3. El río Volga fluye
   a. del mar de Ojotsk a Sajalín
   b. por la planicie europea del norte hacia el mar Caspio
   c. a lo largo de los montes Urales y el mar Caspio
   d. de Siberia hacia el océano Ártico

4. ¿Qué río desemboca en el mar Negro al oeste de Rusia?
   a. el Don
   b. el Amur
   c. el Lena
   d. el Ob

5. ¿Qué río forma parte de la frontera rusa con China?
   a. el Lena
   b. el Yenisey
   c. el Volga
   d. el Amur

6. ¿Qué conecta al Volga con los ríos que drenan en el mar Báltico?
   a. pantanos
   b. acueductos
   c. canales
   d. presas

Comprender ideas • Encierra la palabra en negritas que completa *mejor* cada oración.

1. La mayor parte de Rusia se localiza en las latitudes **altas / bajas** del norte.

2. Rusia es uno de los mayores productores de **plomo / diamante** en el mundo.

3. Muchos de los depósitos de **petróleo / carbón** de Rusia están lejos de puertos, ciudades y mercados.

4. La **tundra / taiga** es un bosque siempre verde de piceas, abetos y pinos.

5. Los inviernos en Rusia son **cortos / largos** y fríos.

6. Los veranos en Siberia son cortos y **fríos /calientes**.

7. La (el) **estepa / zar** es una amplia área de pastura que se extienden desde Ucrania hasta Kazajstán.

8. La Rusia europea y del lejano oriente tiene bosques **de hojas caducas / de piceas**.

9. Muchos depósitos valiosos de **mineral / carbón** en Siberia no han sido aún explotados.

10. Los recursos naturales de Rusia han sido **cuidadosamente / mal** administrados.

Nombre ______________________ Grupo ______________ Fecha ______________

Rusia

SECCIÓN 2

Vocabulario • Palabras que debes comprender:

- cirílico (355): alfabeto eslavo atribuido a San Cirilo
- Partido Bolchevique (356): grupo mayoritario del Partido Ruso de los Trabajadores Socialdemócratas, que se convirtió en el Partido Comunista después de la Revolución Rusa de 1917
- hoja de oro (359): oro batido en láminas muy delgadas
- revivido (359): vuelto a poner en uso
- corrupción (360): comportamiento deshonesto

Comprender términos • Contesta las preguntas en los espacios correspondientes.

1. ¿Cómo se llamaban a sí mismos los vikingos? ______________________
2. ¿Cómo se autodenominaban los mongoles que invadieron Rusia? ______________________
3. ¿Cuál es otro término para *aliados*? ______________________
4. ¿Qué son las superpotencias? ______________________
5. ¿Qué son los bienes de consumo? ______________________
6. ¿Cuál es el origen de la palabra *Rusia?* ______________________
7. ¿Cuál es la definición de *abdicó?* ______________________
8. ¿Qué significa CEI y qué hace? ______________________

Ordenar sucesos en secuencia • Numera los siguientes sucesos en el orden en que ocurrieron.

______ **1.** Mijaíl Gorbachev trata de mejorar la economía.

______ **2.** Empezó la guerra fría.

______ **3.** Los bienes de consumo se volvieron caros y fueron difíciles de obtener.

______ **4.** Se formó la Comunidad de Estados Independientes.

______ **5.** La Unión Soviética es el más importante campo de batalla durante la Segunda Guerra Mundial.

______ **6.** Los bolcheviques establecieron la Unión Soviética.

______ **7.** La Unión Soviética se divide en 15 repúblicas independientes.

______ **8.** Los comunistas controlan todas las granjas e industrias.

Observar correspondencias • **Para cada uno de los sucesos siguientes, encierra la flecha que represente mejor cómo influyeron estos sucesos en el Imperio Ruso.**

	Expansión del Imperio Ruso	Caída del Imperio Ruso
1. Escasez de alimentos.	▲	▼
2. Rusia vende Alaska.	▲	▼
3. Abdica el zar.	▲	▼
4. Los bolcheviques llegan al poder.	▲	▼
5. Comerciantes de pieles cruzan el estrecho de Bering.	▲	▼
6. Pedro el Grande gobierna Rusia.	▲	▼

Revisar hechos • **Relaciona cada descripción de la izquierda con la palabra, frase o persona correctas de la derecha. Escribe la letra de la respuesta correcta en el espacio correspondiente.**

_______ **1.** Famoso escritor ruso

_______ **2.** Mayoría de las personas que viven en Rusia

_______ **3.** Comida especial para los días festivos

_______ **4.** Uno de los alimentos más caros del mundo

_______ **5.** Grave problema ruso

_______ **6.** Religión revivida en Rusia

_______ **7.** Legislatura de la Federación Rusa

_______ **8.** Famoso ballet de Peter Tchaikovsky

a. budín de leche

b. caviar negro

c. *El Cascanueces*

d. Aleksandr Solzhenitsin

e. Islam

f. corrupción

g. rusos étnicos

h. Asamblea Federal

Nombre ______________________ Grupo ______________ Fecha ______________

Rusia

SECCIÓN 3

Vocabulario • Palabras que debes comprender:

- mayor parte (361): mayoría
- palacios (361): grandes y magníficas construcciones que una vez fueron la residencia de la realeza o de otros gobernantes o líderes
- domos (361): estructura arquitectónica redondeada
- conexiones (362): lazos
- instituciones (362): organizaciones

Comprender ideas • Anota cuatro razones por las que puede considerarse que la sección europea de Rusia es el centro del país.

1. ____

____

2. ____

____

3. ____

____

4. ____

____

Distinguir entre oraciones verdaderas y falsas • En cada espacio, escribe *V* si la oración es correcta y *F* si es falsa.

______ **1.** San Petersburgo es la ciudad más grande del centro ruso.

______ **2.** Moscú es el centro político y de comunicaciones de Rusia.

______ **3.** Los cultivos no pueden crecer en las planicies de la Rusia europea.

______ **4.** Los altos hornos son fábricas que elaboran productos forestales.

______ **5.** San Petersburgo es el puerto marítimo más importante del Báltico.

______ **6.** La mayor parte del Kremlin se construyó después de la Revolución Rusa de 1917.

______ **7.** La ciudad de Magnitogorsk se localiza en la región de San Petersburgo.

_______ **8.** La industria pesada comprende manufacturas basadas en el metal, como el acero.

_______ **9.** La región del Volga es famosa por sus fábricas.

_______ **10.** Nizhni Nóvgorod se llamó Gorky durante la era comunista.

_______ **11.** Los zares vivieron en San Petersburgo hasta 1918.

_______ **12.** La región del Volga no tiene ningún recurso energético.

_______ **13.** La industria ligera provoca más contaminación que la industria pesada.

_______ **14.** El puerto de San Petersburgo, los canales y sus conexiones ferroviarias lo hacen un importante centro de comercio.

Identificar regiones • Para cada inciso de la izquierda, marca un cuadro de la derecha, debajo de la región correcta. Algunos incisos pueden tener más de una respuesta.

	Moscú	San Petersburgo	Volga	Urales
1. La minería es su industria más importante	❑	❑	❑	❑
2. Sus fábricas producen vehículos de motor	❑	❑	❑	❑
3. Industria ligera alrededor de la capital	❑	❑	❑	❑
4. Caviar ruso de Astraján	❑	❑	❑	❑
5. Cheliábinsk	❑	❑	❑	❑
6. Antigua capital rusa	❑	❑	❑	❑
7. El Kremlin	❑	❑	❑	❑
8. Altos Hornos	❑	❑	❑	❑
9. Conocida antiguamente como Leningrado	❑	❑	❑	❑
10. Nizhni Nóvgorod	❑	❑	❑	❑
11. Fábricas de la Segunda Guerra Mundial	❑	❑	❑	❑
12. Segunda ciudad más grande de Rusia	❑	❑	❑	❑
13. Ciudad más grande de Rusia	❑	❑	❑	❑
14. Centro de transportes del país	❑	❑	❑	❑
15. Universidades importantes	❑	❑	❑	❑
16. Yekaterinburg	❑	❑	❑	❑

Nombre ______________ Grupo ______________ Fecha ______________

Rusia

SECCIÓN 4

Vocabulario • Palabras que debes comprender:

- yermo (364): tierra sin vegetación o habitantes
- intenso (364): duro; extremoso; despiadado
- transformado (364): cambiado; alterado
- escasamente (365): no densamente; apenas
- territorio (365): suelo; terreno
- amenaza (366): pone en peligro; causa daño a
- escénico o del paisaje (366): que tiene hermosas vistas o panoramas

Describir una región • Completa la tabla siguiente con la información de Siberia en cada una de las categorías señaladas.

Tamaño	
Clima	
Recursos naturales	

Describir vías férreas • **Responde las preguntas siguientes acerca de cada vía férrea.**

Ferrocarril Transiberiano

1. ¿Qué áreas recorre? ______________________________

2. ¿Cuándo empezó su construcción? ______________________________

3. ¿Por qué es importante? ______________________________

____

Interurbano Baikal-Amur

1. ¿Qué áreas recorre? ______________________________

2. ¿Por qué es importante? ______________________________

____

Revisar hechos • **En cada caso, encierra la letra de la *mejor* opción.**

1. ¿Cuáles son las industrias más importantes de Siberia?
- **a.** el turismo y la agricultura
- **b.** la banca y los seguros
- **c.** caza y pesca
- **d.** minera y maderera

2. ¿Por qué vive tan poca gente en Siberia?
- **a.** el gobierno comunista
- **b.** los bajos salarios
- **c.** el terreno difícil
- **d.** la falta de disponibilidad de agua

3. ¿Cuál es la ciudad más grande de Siberia?
- **a.** Sajalín
- **b.** Novosibirsk
- **c.** San Petersburgo
- **d.** Moscú

4. ¿Cuál es una de las regiones industriales más importantes de Siberia?
- **a.** los Kuzbas
- **b.** los Urales
- **c.** Vladivostok
- **d.** Jabárovsk

5. ¿Cuál es "la Joya de Siberia?"
- **a.** un diamante
- **b.** el lago Baikal
- **c.** un ferrocarril
- **d.** plata

6. Vladivostok es un puerto
- **a.** en Moscú
- **b.** en el mar Rojo
- **c.** en el mar de Japón
- **d.** en los Kuzbass

7. ¿Cuál de las siguientes aseveraciones no describe al lago Baikal?
- **a.** se localiza al este de Mongolia en el norte de Siberia
- **b.** es el hogar de la foca de agua dulce, única en el mundo
- **c.** amenazado por la contaminación
- **d.** el lago más profundo del planeta

8. ¿Qué provocan los gases y el humo?
- **a.** tornados
- **b.** ventiscas
- **c.** actividad volcánica
- **d.** niebla residente

Nombre ______________________ Grupo ______________ Fecha ______________

Rusia

SECCIÓN 5

Vocabulario • Palabras que debes comprender:

- remolacha azucarera (367): remolacha de pulpa blanca que se cultiva comercialmente como una fuente de azúcar
- cibelina (367): valiosa piel o pellejo de marta
- ideal (368): perfecto; excelente; superior
- considerado (369): evaluado; analizado
- arco (369): línea curvada, en forma de cuenco

Comparar ciudades • Completa la tabla siguiente comparando Vladivostok y Jabárovsk.

Vladivostok	**Ubicación:** **Año de su fundación:** **Importancia:**
Jabárovsk	**Ubicación:** **Año de su fundación:** **Importancia:**

Distinguir un hecho de una opinión • En cada espacio, escribe *H* si la oración es un hecho y *O* si es una opinión.

______ **1.** El lejano oriente ruso debe producir suficiente comida para sus habitantes.

______ **2.** Las remolachas azucareras no son un producto agrícola importante.

______ **3.** El clima del lejano oriente ruso es menos severo que el del resto de Siberia.

______ **4.** No es acertado que los recursos minerales de la región no estén totalmente explotados.

______ **5.** La mayor parte del lejano oriente ruso está poblada de árboles.

______ **6.** La energía geotérmica es una excelente pero costosa forma de obtener energía.

______ **7.** El singular tigre siberiano necesita ser protegido.

______ **8.** Dos regiones volcánicas activas corren a lo largo de la península de Kamchatka.

Identificar islas • Junto a cada frase, escribe la letra de la isla correcta.

S: Sajalín **K**: Kuriles **A**: Ambas islas

______ **1.** Erupciones volcánicas y terremotos

______ **2.** Petróleo y otros recursos minerales

______ **3.** Las aguas cercanas son importantes para la pesca comercial

______ **4.** Se extiende en arco desde la isla de Hokkaido hasta la península de Kamchatka

______ **5.** En un terremoto en 1995 murieron cerca de 2,000 personas

______ **6.** Se extiende en la costa este de Siberia en el mar de Ojotsk

______ **7.** Dominada por la Unión Soviética después de la Segunda Guerra Mundial

______ **8.** Japón aún reclama el derecho a las islas más al sur

Comprender ideas • Responde las preguntas en los espacios correspondientes.

1. ¿Qué significa *Vladivostok* en ruso? ______________________________

____

2. ¿Qué son los rompehielos? ______________________________

____

3. ¿Por qué el lejano oriente ruso es la ventana del país hacia el mundo del Pacífico? ______________

____

4. ¿Cómo es el tiempo de verano en el lejano oriente ruso? ______________________________

____

5. ¿Qué animales hay en el lejano oriente ruso? ______________________________

____

Nombre ______________________ Grupo ______________ Fecha ______________

Ucrania, Bielorrusia y el Cáucaso

SECCIÓN 1

Vocabulario • Palabras que debes comprender:

- embalses (374): lagos artificiales o naturales donde se recolecta y almacena el agua
- reservaciones (374): sirven para proteger de daño o peligro
- montañoso (374): que tiene muchas montañas o características de montana
- poco profundo (375): que le falta profundidad
- manganeso (375): metal; elemento químico de color blanco grisáceo que se usa para hacer aleaciones de hierro, cobre y aluminio

Organizar información • Completa la tabla siguiente con la información que falta.

Característica física o país	Descripción	Localización
1.	río	fluye al sur entre Bielorrusia y Ucrania
2.	Región de picos muy altos	
3. Crimea		
4.	País sin salida al mar	
5. Cordillera caucásica		a lo largo de los países del Cáucaso
6. Azerbaiyán		
7.	país	frontera oeste de Rusia bordea el mar Negro
8. Pinsk o Pripyat		

Identificar climas • Escribe en cada espacio información sobre climas en los países del Cáucaso, Ucrania y Bielorrusia.

1. El sur de Ucrania: ______________________________

2. Dos tercios del norte de Bielorrusia y Ucrania: ______________________________

3. Península de Crimea: ________________________

4. Costa de Georgia: ________________________

5. Azerbaiyán: ________________________

6. Armenia: ________________________

Revisar hechos • En cada caso, encierra la letra de la *mejor* opción.

1. La agricultura es una importante actividad económica en todos los casos siguientes excepto
- **a.** las zonas de tierras bajas del Cáucaso.
- **b.** el monte Elbrus.
- **c.** Ucrania.
- **d.** Bielorrusia.

2. ¿Qué mineral no se encuentra en el Cáucaso?
- **a.** manganeso
- **b.** hierro
- **c.** zinc
- **d.** cobre

3. ¿Qué es la cuenca de Donets en el sudeste de Ucrania?
- **a.** un pantano en tierras bajas
- **b.** un centro industrial
- **c.** una región agrícola
- **d.** una rica región de extracción de carbón

4. ¿Qué país trata de proteger su medio ambiente natural como una reserva ecológica?
- **a.** Armenia
- **b.** Bielorrusia
- **c.** Ucrania
- **d.** Azerbaiyán

5. ¿Cuál es el recurso mineral más importante de la región del Cáucaso?
- **a.** potasa de Bielorrusia
- **b.** plata y oro de Ucrania
- **c.** petróleo y gas natural de Azerbaiyán
- **d.** plomo y zinc de Georgia

6. Krivvy Rih es el sitio de
- **a.** una gran cantera a cielo abierto de mineral de hierro.
- **b.** un enorme bosque.
- **c.** varias presas y embalses.
- **d.** actividad geotérmica.

Nombre ______________________ Grupo ______________ Fecha ______________

Ucrania, Bielorrusia y el Cáucaso

SECCIÓN 2

Vocabulario • Palabras que debes comprender:

- señores (377): propietarios de una propiedad; personas que tienen gran autoridad y poder; amos
- bandas (377): grupos de personas con un propósito en común
- nómadas (377): sin un domicilio permanente; que vaga constantemente
- frontera (377): gran área inexplorada y por desarrollarse en un país
- campesinos (377): agricultores o propietarios de granjas muy pequeñas
- radiación (380): partículas radiactivas que caen a la Tierra después de una explosión nuclear
- lino (380): planta esbelta que florece, las semillas se usan para hacer aceite de linaza y las fibras se hilan para fabricar una tela del mismo nombre

Identificar grupos • En cada espacio, escribe el grupo correcto de la siguiente lista. Algunas respuestas pueden usarse más de una vez.

rusos	griegos	misioneros bizantinos
mongoles	cosacos	lituanos
soviéticos	vikingos	

______________ **1.** Controlaron Ucrania y Bielorrusia de finales de los 1400s hasta 1917.

______________ **2.** Tomaron las decisiones más importantes de las repúblicas de Ucrania y Bielorrusia.

______________ **3.** Dejaron sus granjas para vivir en la frontera ucraniana.

______________ **4.** Destruyeron la mayoría de pueblos y ciudades en Ucrania.

______________ **5.** Se independizaron de los mongoles a finales de los 1400s.

______________ **6.** Enseñaron el cristianismo a los bielorrusos y ucranianos.

______________ **7.** Se unieron a los polacos para gobernar Ucrania y Bielorrusia.

______________ **8.** Conquistaron Ucrania durante los 1200s.

______________ **9.** Establecieron Kiev como la capital de su imperio comercial.

______________ **10.** No fomentaron la religión en Ucrania y Bielorrusia.

______________ **11.** Fundaron colonias comerciales a lo largo de la costa del mar Negro alrededor del año 600 a.C.

______________ **12.** Introdujeron el alfabeto cirílico.

Comparar economías • Utiliza la tabla siguiente para comparar las economías de Ucrania y Bielorrusia.

Ucrania	Bielorrusia

Comprender ideas • Relaciona cada descripción con el término, la frase o el lugar correcto de la derecha. Escribe la letra de la respuesta correcta en el espacio.

_____ **1.** Consejo de gobierno empleado por Ucrania y Bielorrusia de 1917 a 1991

_____ **2.** "Rusos blancos" quienes están muy de cerca relacionados étnicamente con los rusos

_____ **3.** Personas que trabajaban para un señor y estaban atados a la tierra

_____ **4.** Repúblicas independientes con un presidente y un primer ministro

_____ **5.** Capital de Bielorrusia y centro administrativo de la CIE

_____ **6.** Lugar donde ocurrió el peor desastre del mundo en un reactor nuclear

_____ **7.** Gran grupo minoritario en Ucrania y Bielorrusia

_____ **8.** Se emplea en los idiomas de Ucrania y Bielorrusia

a. Minsk

b. siervos

c. rusos

d. soviets

e. bielorrusos

f. alfabeto cirílico

g. Chernobyl

h. Ucrania y Bielorrusia

Nombre ______________________ Grupo ______________ Fecha ______________

Ucrania, Bielorrusia y el Cáucaso

Sección 3

Vocabulario • **Palabras que debes comprender:**

- desacuerdos (382): discusiones; disputas
- escasas (382): que representan poca cantidad; limitadas
- viñedos (382): áreas donde crecen plantas de vid
- esturión (383): pez grande, espinoso, que tiene láminas con espinas en su cuerpo; fuente del caviar
- hueva de pescado (383): huevecillos de pescado; caviar.

Organizar información • **Completa la tabla siguiente escribiendo información acerca de Georgia, Armenia y Azerbaiyán.**

Georgia	Armenia	Azerbaiyán
Ubicación:	Ubicación:	Ubicación:
Gobierno:	Gobierno:	Gobierno:
Mayoría de la población:	Mayoría de la población:	Mayoría de la población:
Idioma principal:	Idioma principal:	Idioma principal:

Ordenar sucesos en secuencia • **Numera los siguientes sucesos en el orden en que ocurrieron.**

______ **1.** Algunos armenios buscaron protección de los turcos refugiándose en la URSS.

______ **2.** Georgia, Armenia y Azerbaiyán se convirtieron en países independientes después del colapso de la Unión Soviética.

______ **3.** El Imperio Bizantino introdujo el cristianismo a la región del Cáucaso.

______ **4.** Georgia, Armenia y Azerbaiyán se unieron para enfrentar el gobierno soviético.

______ **5.** El antiguo imperio persa controla la región del Cáucaso.

______ **6.** Armenia es un condado en lo que hoy es el centro de Turquía.

______ **7.** Los invasores mongoles y turcos separaron a Georgia y a Armenia de la Europa cristiana.

______ **8.** Los turcos mataron a miles de armenios que vivían en Turquía.

Comprender economías • Junto a cada inciso, escribe la letra del país correcto.

G: Georgia **A:** Armenia **AZ:** Azerbaiyán

______ **1.** Hay poca industria excepto las de producción de petróleo

______ **2.** Los viñedos son una parte importante y antigua de su agricultura

______ **3.** Hay escasez de tierra buena para agricultura

______ **4.** Variedad de industrias, incluyendo la minería, la manufactura y los ranchos

______ **5.** La mayor parte es una sociedad agraria y el algodón es su cultivo principal

______ **6.** Los principales cultivos son el té y los cítricos.

______ **7.** Un tercio de la industria fue destruida por un temblor en 1988.

______ **8.** La pesca es importante, en especial por la hueva del esturión.

______ **9.** El turismo del mar Negro ayuda a la economía.

______ **10.** La capital, Baku, es el centro de una gran industria de refinación de petróleo.

______ **11.** Cerca del 40 por ciento de su producto interno bruto proviene de la agricultura.

______ **12.** Importa la mayor parte de sus provisiones energéticas

Describir problemas • Escribe tres problemas que los países del Cáucaso hayan enfrentado, enfrenten o vayan a enfrentar en el futuro.

1. ______________________________

____

2. ______________________________

____

3. ______________________________

____

Nombre ______________________ Grupo ______________ Fecha ______________

Asia Central

SECCIÓN 1

Vocabulario • Palabras que debes comprender:

- sistemas de irrigación (388): mecanismos que sirven para regar los sembradíos
- asentamientos (388): comunidades pequeñas y aisladas
- manantial (388): área donde el agua brota del subsuelo
- plaguicidas (389): sustancias químicas que matan insectos y malezas
- agitación (389): desorden; alboroto; conmoción
- oleoductos (389): conjuntos de tubos o conductos que transportan petróleo o gas natural

Clasificar características físicas • Completa la tabla siguiente escribiendo cada accidente geográfico o río en la columna correcta.

Kyzyl Kum
Syr Dar'ya
Kara Kum
Tian Shan
Fergana
Amu Dar'ya
Pamirs

Montañas	Desiertos	Ríos	Valles

Comprender climas • Encierra la palabra o palabras en negritas que completa *mejor* cada oración.

1. La lluvia es **poca** / **fuerte** en el área norte del mar Aral.
2. Asia Central tiene climas estepario, desértico y de las tierras **altas** / **tropicales**.
3. Los veranos en Asia Central son **frescos** / **cálidos**.
4. La temporada de cultivo veraniego en Asia Central es **corta** / **larga**.
5. Los inviernos de Asia Central son **fríos** / **cálidos**.
6. Los agricultores del norte del mar Aral dependen de la **irrigación** / **lluvia** para regar sus cultivos.

Organizar ideas • Responde las preguntas en los espacios correspondientes.

1. ¿Qué ríos corren de Pamirs hacia el mar Aral? ______________________________

____

2. ¿Cómo usan las personas de Asia Central el agua de esos ríos? ________________

____

3. ¿Por qué emplear mucha de esa agua es un problema? ______________________

____

4. ¿Cómo afectaron los soviets la manera en la que las personas usan el agua de los ríos? ________

____

5. ¿Cómo ha cambiado el mar Aral desde 1960? ______________________________

____

6. ¿Qué problemas han causado esos cambios? ______________________________

____

Revisar hechos • Escribe en el espacio la palabra, frase o lugar que completa correctamente cada oración.

1. ____________________ proporcionan agua a través de manatiales o fuentes en el desierto.
2. Turkmenistán, ____________________ y ____________________ tienen reservas enormes de petróleo y gas natural.
3. Kazajstán tiene enormes depósitos de ____________________.
4. Los ríos de Tayikistán y de ____________________ podrían emplearse para proporcionar energía hidroeléctrica.
5. Los desórdenes económicos y políticos han hecho difícil para los países de Asia Central que ____________________ petróleo y gas natural de algún otro lado.
6. Los países de Asia Central tienen depósitos de plomo, zinc, oro, ____________________ y ____________________.
7. El mar Aral proporcionaba más ____________________ a los asiáticos centrales.
8. El cultivo de algodón requiere una gran cantidad de ____________________.

Nombre ______________________ Grupo ______________ Fecha ______________

Asia Central

SECCIÓN 2

Vocabulario • Palabras que debes comprender:

- pastores (390): personas que montan a caballo y controlan el movimiento de manadas o rebaños
- granjas colectivas (391): organización en la que las personas trabajan juntas como en un equipo
- cambiando (392): alterando; cambiando de un sistema a otro
- impuesto (392): forzado
- oposición (392): contradicción; resistencia; discusión
- anticuados (392): que ya no son eficaces
- gusanos de seda (392): oruga y mariposa que fabrica capullos de seda

Ordenar sucesos en secuencia • Numera los siguientes sucesos en el orden en que ocurrieron.

______ **1.** Los europeos se dieron cuenta de que podían navegar al este de Asia por el océano Índico.

______ **2.** Los ejércitos de los dirigentes mongoles conquistaron Asia Central.

______ **3.** Los soviets establecieron cinco repúblicas en Asia Central.

______ **4.** Los ejércitos árabes tomaron el poder de gran parte de Asia Central.

______ **5.** El Imperio Ruso conquistó Asia Central.

______ **6.** Nómadas hablantes del turco del norte de Asia invadieron Asia Central.

______ **7.** Las repúblicas de Asia Central se convirtieron en países independientes.

______ **8.** Los uzbekos tomaron el poder de parte de Asia Central.

Evaluar información • Completa la siguiente tabla describiendo la influencia de la Unión Soviética en Asia Central.

Dos aspectos negativos de la era soviética en Asia Central	**1.**	**2.**
Dos aspectos positivos de la era soviética en Asia Central	**1.**	**2.**

Identificar ideas • Relaciona cada descripción con el término, frase o lugar correctos de la derecha. Escribe la letra de la respuesta correcta en el espacio.

_____ **1.** Principal cultivo de Asia Central

_____ **2.** Alentados a moverse hacia Asia Central

_____ **3.** Son sus miembros todos los países de Asia Central

_____ **4.** Convierte el petróleo en otros productos

_____ **5.** Impuesto a los habitantes de Asia Central por los soviéticos

_____ **6.** Personas que con frecuencia se trasladan de un lugar a otro

_____ **7.** Utilizado en la mayoría de los idiomas del oeste de Europa

_____ **8.** Importante ruta entre China y el mar Mediterráneo

_____ **9.** Sistema de gobierno de todos los países de Asia Central

_____ **10.** Grandes grupos de comerciantes que viajaban en grupo por protección

a. Turkmenistán

b. caravanas

c. alfabeto cirílico

d. Camino de la Seda

e. algodón

f. democracia

g. Comunidad de Estados Independientes

h. nómadas

i. alfabeto latino

j. rusos étnicos

Nombre ______________________ Grupo ______________ Fecha ______________

Asia Central

SECCIÓN 3

Vocabulario • Palabras que debes comprender:

- clan (394): grupo de personas con intereses en común, quienes por lo general tienen los mismos antepasados y suelen seguir a los mismos líderes
- renacimiento (394): volver a poner en uso después de un periodo de desuso o declinación
- restaurando (394): regresar a su condición original o normal
- portátiles (395): que se pueden llevar o mover
- espectacular (395): sorprendente; extraordinario; impresionante
- monumentos (395): piedras, estatuas o edificios creados para recordar a una persona, idea o suceso importantes

Describir una cultura • Completa la tabla siguiente escribiendo una descripción breve de cada concepto.

Comida de Asia Central	
Literatura de Asia Central	
Tradiciones nómadas de Asia Central	

Identificar términos y lugares • En cada espacio, escribe el término o lugar identificado para cada descripción.

______________ **1.** Celebra el inicio del año calendárico persa

______________ **2.** Casa movible y redonda de esterillas de fieltro de lana sobre un marco de madera

______________ **3.** Significa "cuarenta clanes"

______________ **4.** Antiguas ciudades del Camino de la Seda en Uzbekistán

______________ **5.** Casas islámicas para el culto religioso

______________ **6.** Mobiliario fundamental en una casa nómada

Identificar países • Completa la tabla siguiente escribiendo el número de cada descripción abajo del país correcto.

1. Muchos hombres usan sombreros negros y blancos de fieltro
2. Famosos por sus tapetes decorativos
3. Su idioma está relacionado con el persa.
4. Nauruz se celebra durante el equinoccio de primavera.
5. Las personas usan yurts en bodas y funerales.
6. País montañoso cuyos habitantes principalmente viven en valles
7. Renacimiento del islamismo y restablecimiento de las mezquitas
8. Mayor población de todos los países de Asia Central
9. Un tercio de sus residentes son rusos étnicos.
10. El inglés es la segunda lengua oficial.
11. El número de miembros de un clan es importante en la vida política, económica y social.
12. Primer estado de Asia Central en ser conquistado por Rusia
13. Famoso por el bordado de oro de sus ciudadanos.
14. Experimentó una guerra civil a mediados de los 1900s.
15. Los principios islámicos se enseñan en las escuelas.
16. El tocino ahumado de carne de caballo con fideos fríos es uno de sus platillos.

Kazajstán	Kirguizistán	Turkmenistán	Uzbekistán	Tayikistán

Nombre ______________________ Grupo ______________ Fecha ______________

La península Arábiga, Irak, Irán y Afganistán

SECCIÓN 1

Vocabulario • Palabras que debes comprender:

- constante (416): que se mantiene sin variación; invariable
- estepario (416): de la estepa o llanura con vegetación baja
- importante (417): crucial; crítico; significativo
- superficiales (417): no profundos; cercanos a la superficie

Identificar características físicas • Relaciona cada descripción de la izquierda con el término, frase o lugar correcto de la derecha. Escribe la letra de la respuesta correcta en el espacio correspondiente.

_____ **1.** Enorme área rectangular bordeada por el golfo Pérsico, el golfo de Adén, el mar Arábigo y el mar Rojo

_____ **2.** Gran parte de Irán

_____ **3.** Cordillera de montañas que forman la frontera norte de Irán

_____ **4.** Punto más alto de la península Arábiga

_____ **5.** Cordillera montañosa de Afganistán

_____ **6.** Gran desierto en el norte de Arabia Saudita

_____ **7.** Ríos que corren por la llanura norte de la península Arábiga

_____ **8.** Montañas del sudoeste de Irán

_____ **9.** Significa “tierra entre ríos”

_____ **10.** El más grande desierto de arena del mundo

a. Mesopotamia

b. Zagros

c. Rub‘ al-Khali

d. Tigris y Éufrates

e. meseta

f. An Nafud

g. península Arábiga

h. montañas de Yemen

i. Kopet-Dag y Elburz

j. Hindu Kush

Comprender términos • En cada espacio, escribe la definición de cada uno de los términos siguientes.

1. Ríos exóticos: ______________________________

____

2. Wadis: ______________________________

____

3. Agua fósil: ______________________________

____

Distinguir entre oraciones verdaderas y falsas • **En cada espacio, escribe *V* si la oración es verdadera y *F* si es falsa.**

______ **1.** Los países de esta región están dispuestos como en un triángulo.

______ **2.** La mayor parte de los desiertos del sudoeste de Asia están densamente poblados.

______ **3.** La mayoría de los campos petroleros de la región están cerca de las orillas del golfo Pérsico.

______ **4.** Las altas mesetas y las montañas del sudoeste de Asia reciben la lluvia y la nieve del invierno.

______ **5.** Los nómadas y sus rebaños nunca entran al desierto a causa de la escasez de agua.

______ **6.** Irán contiene depósitos de muchas clases de minerales.

______ **7.** La mayor parte del sudoeste de Asia tiene un clima desértico.

______ **8.** Los países del sudoeste de Asia tienen una amplia variedad de recursos naturales.

______ **9.** Las temperaturas del desierto nunca caen debajo del punto de congelamiento durante el invierno.

______ **10.** El agua es un recurso extremadamente importante en el sudoeste de Asia.

______ **11.** Los nómadas son expertos en emplear tecnología moderna para perforar pozos profundos.

______ **12.** El clima desértico del sudoeste de Asia es provocado por un sistema de alta presión en la atmósfera.

Nombre ______________________ Grupo ______________ Fecha ______________

La península Arábiga, Irak, Irán y Afganistán

SECCIÓN 2

Vocabulario • Palabras que debes comprender:

- La Meca (418): ciudad sagrada del islamismo que es el lugar de nacimiento de Mahoma
- gran (420): abultada; grande
- masivas (421): inmensas; enormes
- censura (422): prohibición de información considerada ofensiva

Comprender ideas • Escribe en el espacio la palabra, frase o lugar que completa correctamente cada oración.

1. Arabia Saudita es el país más grande de la ______________.
2. La religión principal de Arabia Saudita es el ______________.
3. ______________ y las industrias relacionadas con él son la parte más importante de la economía de Arabia Saudita.
4. Casi todos los árabes sauditas son ______________ étnicos y hablan ______________.
5. Arabia Saudita es el líder mundial exportador de ______________.
6. La mayoría de los sauditas viven en ______________ más que en áreas rurales.

Revisar hechos • Responde las preguntas en los espacios correspondientes.

1. ¿Quién es Mahoma? ______________
2. ¿Cómo se llama a quienes siguen al Islam y en qué creen? ______________
3. ¿Quiénes son los chiítas? ______________
4. ¿Quiénes son los sunitas? ______________
5. ¿Cuáles son algunas de las prácticas religiosas musulmanas? ______________

6. ¿Cuál es la influencia del Islam en la vestimenta de los árabes sauditas? ______

______

Identificar países • Completa la tabla siguiente escribiendo el número de cada descripción abajo del país correcto.

1. Grupo de siete diminutos reinos en el golfo Pérsico
2. País más pobre de la península Arábiga
3. Irak lo invadió en 1990
4. Se localiza justo a la entrada del golfo Pérsico
5. Está conectado con Arabia Saudita por un puente
6. Tiene algunas de las reservas más grandes de gas natural en el mundo
7. Se localiza en la esquina sur de la península Arábiga
8. Trabajadores extranjeros son más numerosos que sus ciudadanos.
9. En la antigüedad fue un centro comercial en las costas del océano Índico
10. Monarquía constitucional que censura la prensa y la televisión
11. La riqueza de la familia real ha ayudado a reconstruir al país.
12. Grupo de pequeñas islas en el oeste del golfo Pérsico
13. Tiene un gobierno electo y varios partidos políticos
14. Establecido a mediados de los 1700s.
15. Formado en 1990 por la unión de dos países
16. La banca y el turismo son importantes industrias.

Kuwait	Bahrain	Qatar	Emiratos Árabes Unidos	Omán	Yemen

Nombre ______________________________ Grupo ________________ Fecha ________________

La península Arábiga, Irak, Irán y Afganistán

SECCIÓN 3

Vocabulario • Palabras que debes comprender:

- surgieron (426): que llegaron al poder; que incrementaron en fuerza
- abrazaron (426): que cambiaron de una religión a otra
- alianza (427): asociación benéfica mutua o unión de paises
- cebada (427): planta de cereal cuyas semillas se usan para hacer maltas, sopas y otros alimentos
- levantamientos (428): revueltas en contra de un gobierno; rebeliones

Ordenar sucesos en secuencia • Escribe el número de cada suceso arriba de la fecha correcta de la línea del tiempo.

1. Mesopotamia se convirtió en parte del Imperio Otomano.

2. Los mongoles destruyeron Bagdad.

3. El partido Ba'ath tomó el poder.

4. Alejandro Magno hizo a Mesopotamia parte de su imperio.

5. Gran Bretaña tomó el poder de Irak.

6. Los oficiales del ejército iraquí derrocaron al gobierno.

7. Los persas conquistaron Mesopotamia.

8. Los árabes gobernaron Mesopotamia.

500 a.C.	331 a.C.	600 d.C.	1258	1500s	1914–18	1950s	1968

Organizar información • En cada espacio, proporciona la información que se solicita sobre Saddam Hussein.

1. Partido político: ______________________________

2. Responsabilidades: ______________________________

3. Características de su liderazgo: ______________________________

____

____

4. Grupos opositores: ____

____

____

Describir guerras • Completa la tabla siguiente describiendo las dos guerras recientes de Irak.

	Guerra de 1980-1988	Guerra de 1991
Países involucrados		
Causa		
Resultados		
Efectos económicos		

Revisar hechos • Encierra la palabra o palabras en negritas que completan *mejor* cada oración.

1. Las granjas de Irak se riegan con el agua de los ríos Éufrates y **Zagros / Tigris**.
2. Más del 75 por ciento de los iraquíes son **curdos / árabes**.
3. Muchas fábricas iraquíes producen **armas / muebles**.
4. Trigo, cebada y **centeno / arroz** son granos importantes para la economía de Irak.
5. La mayoría de iraquíes son **musulmanes / cristianos**.
6. Un **elburz / embargo** es un límite en el comercio.
7. La capital y ciudad más grande de Irak es **Minsk / Bagdad**.
8. Las culturas babilonia, sumeria y **asiria / romana** surgieron en Mesopotamia.
9. La minería, la manufactura y la **construcción / elaboración de alfombras** son las industrias más importantes de Irak.
10. La influencia de los conquistadores **persas / árabes** provocaron que los habitantes de Mesopotamia se convirtieran al Islam.

La península Arábiga, Irak, Irán y Afganistán

SECCIÓN 4

Vocabulario • Palabras que debes comprender:

- aliado (430): amigo; partidario o seguidor
- rehenes (430): personas que son tomadas prisioneras por sus enemigos
- supremo (430): fundamental; más poderoso; dominante
- línea dura (430): estricto; duro; inflexible; agresivo

Ordenar sucesos en secuencia • Numera los siguientes sucesos en el orden en que ocurrieron.

______ **1.** Un oficial del ejército iraní tomó el poder en Irán.

______ **2.** Los mongoles y los safávides gobernaron la región.

______ **3.** Irán empezó una guerra con Irak.

______ **4.** El Imperio Persa comenzó.

______ **5.** Estudiantes tomaron rehenes estadounidenses en la embajada de Estados Unidos en Irán.

______ **6.** Los árabes invadieron y establecieron el Islam.

______ **7.** Una república islámica tomó el poder.

______ **8.** Alejandro Magno conquistó el Imperio Persa.

Revisar hechos • En cada caso, encierra la letra de la *mejor* opción.

1. El gobierno religioso de Irán es una
- **a.** aristocracia.
- **b.** dictadura.
- **c.** democracia.
- **d.** teocracia.

2. La palabra *shah* significa
- **a.** "Irán."
- **b.** "rey."
- **c.** "guerra."
- **d.** "oro."

3. El idioma oficial de Irán es
- **a.** latín.
- **b.** árabe.
- **c.** persa.
- **d.** inglés.

4. Tanto Irán como Afganistán han experimentado
- **a.** revoluciones.
- **b.** guerras contra Estados Unidos.
- **c.** invasiones comunistas
- **d.** grandes embargos.

Identificar países • Para cada inciso de la izquierda, marca un cuadro de la derecha.

	Irán	Afganistán
1. Teherán es su capital, su ciudad más importante y su centro industrial.	❑	❑
2. Nauruz y el aniversario de la revolución son días festivos.	❑	❑
3. País sin salida al mar con altas montañas y valles fértiles	❑	❑
4. Ocupa el quinto lugar en las reservas de petróleo del mundo	❑	❑
5. El paso de Khyber era usado para llegar a la India.	❑	❑
6. Los imperios ruso y británico lucharon por su dominio.	❑	❑
7. El líder supremo es un experto en la ley islámica.	❑	❑
8. La Unión Soviética intervino en la guerra civil de 1979-1989.	❑	❑
9. La religión oficial es la rama chiíta del Islam.	❑	❑
10. Los talibán gobiernan la mayor parte del país.	❑	❑
11. Arroz, pan, verduras, cordero, fruta y té fuerte.	❑	❑
12. El persa es el idioma oficial.	❑	❑
13. Los sunitas son el 84 por ciento de la población.	❑	❑
14. La agricultura y el pastoreo son importantes para su economía.	❑	❑
15. Es miembro de la OPEP	❑	❑
16. Kabul es su capital.	❑	❑
17. Los pashtún, tayikos, hazaras y uzbekos son los principales grupos étnicos.	❑	❑
18. Tiene un presidente electo y una legislatura	❑	❑

Nombre ______________________ Grupo ______________ Fecha ______________

El Mediterráneo Oriental

Sección 1

Vocabulario • Palabras que debes comprender:

- vía fluvial (436): cuerpo de agua lo suficientemente ancho y profundo para que naveguen barcos y otras embarcaciones
- bordea (436): pasa por la orilla; forma el margen de
- variaciones (436): diferencias; desviaciones

Organizar ideas • En cada espacio, proporciona la información que se solicita.

1. Países del Mediterráneo Oriental: ______________________________

____

2. Territorios ocupados y controlados por Israel: ______________________________

____

Identificar características físicas • Relaciona cada descripción de la izquierda con el término, frase o lugar correctos de la derecha. Escribe la letra de la respuesta correcta en el renglón correspondiente.

_____ **1.** Desierto en el sur de Israel

_____ **2.** Forma el borde que separa Jordania de Israel y la Ribera Oeste

_____ **3.** Está entre dos continentes

_____ **4.** Recibe menos de cinco pulgadas de lluvia al año

_____ **5.** Sitio más bajo de todos los continentes; 1,312 pies bajo el nivel del mar

_____ **6.** Contiene una pequeña área de Turquía

_____ **7.** Canal estrecho que separa Asia de Europa

_____ **8.** Fluye hacia el sudeste por una llanura plana; lo alimentan las corrientes de las montañas turcas del este

_____ **9.** Parte asiática de Turquía

_____ **10.** Separa la región dos cordilleras principales

a. región del Mediterráneo Oriental

b. valle del río Jordán

c. península Balcánica

d. Négev

e. mesetas y tierras altas

f. mar Muerto

g. río Éufrates

h. desierto de Siria

i. río Jordán

j. Dardanelos, Bósforo y mar de Mármara

Describir climas • **Completa la tabla siguiente describiendo los climas del Mediterráneo Oriental.**

Clima	Descripción
Clima general de la región	
Costa turca del mar Negro y costa del Mediterráneo	
Siria central y tierras más al sur	
Pequeña área del nordeste de Turquía	

Revisar hechos • **Encierra la palabra o frase en negritas que completa *mejor* cada oración.**

1. Siria, Israel y Jordania producen grandes cantidades de **oro** / **fosfato**.
2. El **basalto** / **asfalto** es un material oscuro, semejante al alquitrán, empleado para pavimentar calles.
3. Áreas con climas secos que tienen más granjas de **subsistencia** / **comerciales**.
4. Mercurio, cobre y **potasa** / **azufre** son minerales que existen en el Mediterráneo Oriental.
5. Las sales minerales que contienen fósforo se llaman **fosfatos** / **fosfuros**.
6. El **mar Muerto** / **río Jordán** es una fuente de sales minerales.
7. Los países del Mediterráneo Oriental **tienen** / **no** tienen grandes depósitos de petróleo.
8. La agricultura en el Mediterráneo Oriental es **limitada** / **común**.

Nombre ______________________ Grupo ______________ Fecha ______________

El Mediterráneo Oriental

SECCIÓN 2

Vocabulario • Palabras que debes comprender:

- hititas (438): grupo de personas de la antigüedad que vivieron en Siria y Asia Menor de 1700 a.C. a 700 d.C.
- Seljuk (438): turcos nómadas e islámicos de Asia Central
- fez (439): sombrero de fieltro en forma de cono truncado, con una larga borla negra
- avellana (440): nuez comestible del avellano
- shish kebab (441): platillo hecho con pequeños trozos de carne marinada asados en una brocheta

Clasificar periodos de tiempo • Completa la tabla siguiente escribiendo el número de cada oración abajo del periodo de tiempo correcto.

1. Los turcos gobernaron parte del norte de África, sur de Asia y sudeste de Europa.
2. Alejandro Magno conquistó Asia Menor.
3. Kemal Atatürk prohibió a los hombres turcos usar el fez.
4. Los turcos Seljuk invadieron Asia Menor.
5. El alfabeto latino reemplazó al arábico.
6. Asia Menor es parte del Imperio Hitita y Persa.
7. Los turcos perdieron la mayor parte de sus territorios durante la Primera Guerra Mundial.
8. La capital de Turquía se trasladó de Estambul a Ankara.
9. Grecia invadió el oeste de Asia Menor en un intento de tener más tierra.
10. Se creó la nación democrática de Turquía.
11. Turquía es parte del Imperio Romano.
12. El calendario europeo y el sistema métrico decimal reemplazaron a los islámicos empleados en Turquía.

Turquía antigua	Imperio Otomano	Turquía moderna

Revisar hechos • Encierra la letra de la *mejor* opción para cada oración.

1. La mayoría de los turcos son grupos étnicos
a. curdos. **b.** turcos. **c.** israelíes. **d.** otomanos.

2. El shish kebab es un(a)
a. danza turca. **b.** estilo musical turco. **c.** comida turca. **d.** deporte turco.

3. Turquía está experimentando
a. inflación. **b.** crecimiento lento. **c.** embargos. **d.** una depresión.

4. Muchos turcos trabajan en
a. campos petroleros. **b.** otros países. **c.** minas. **d.** compañías financieras.

5. Las industrias más importantes de Turquía están haciendo
a. pan. **b.** alfombras. **c.** ropa. **d.** tractores.

6. Casi la mitad de todos los turcos trabajan en
a. barcos. **b.** haciendas. **c.** trenes. **d.** granjas.

Describir conflictos • Completa la tabla siguiente describiendo cada conflicto.

El conflicto entre Turquía y Siria e Irak:
El conflicto entre el gobierno turco y los curdos:
El conflicto entre los turcos urbanos de clase media y los turcos de las aldeas:

Nombre ______________________ Grupo ______________ Fecha ____________

El Mediterráneo Oriental

SECCIÓN 3

Vocabulario • Palabras que debes comprender:

- resurrección (442): volver a la vida
- matzo (441): pan delgado y crujiente hecho sin levadura y que comen los judíos durante la Pascua
- declaró (445): estableció; dio a conocer; afirmó

Describir territorios • Completa la tabla siguiente describiendo cada uno de los Territorios Ocupados.

La Franja de Gaza	
Los Altos del Golán	
La Ribera Oeste	

Organizar ideas • Responde las preguntas en los espacios correspondientes.

1. ¿Cuáles son las comidas judías más populares? ______________________________

____

2. ¿Cuáles son los más importantes días sagrados y festivos judíos? ______________

____

3. ¿Cuáles son los idiomas oficiales en Israel? ______________________________

____

4. ¿Por qué es extremadamente variada la población de Israel? _________________

____

5. ¿Cómo está estructurado el gobierno de Israel? ______

______

6. ¿Cuál es la fuerza económica de Israel? ______

______

Ordenar sucesos en secuencia • Numera los siguientes sucesos en el orden en que ocurrieron.

______ 1. Ejércitos de Europa empezaron una serie de invasiones conocidas como las Cruzadas.

______ 2. Terminó el control británico en Palestina y los judíos de Palestina formaron el Estado de Israel.

______ 3. Los árabes conquistaron Palestina.

______ 4. Israel se anexó la parte este de Jerusalén.

______ 5. Palestina fue parte del Imperio Otomano.

______ 6. Los hebreos establecieron el reino de Israel.

______ 7. Israel acordó ceder partes de los Territorios Ocupados a los palestinos.

______ 8. El Imperio Romano conquistó Palestina.

______ 9. Los cruzados tomaron Jerusalén.

______ 10. Jesús fue procesado y ejecutado después.

______ 11. Israel se anexó los Altos del Golán.

______ 12. Ocurrió la diáspora después de una serie de revueltas judías.

______ 13. Miles de judíos empezaron a emigrar a Palestina.

______ 14. Las fuerzas de Israel derrotaron a las tropas de países árabes vecinos un poco después de que se formara el Estado de Israel.

______ 15. Los judíos europeos empezaron el movimiento llamado sionismo.

Nombre ______________________ Grupo ______________ Fecha ______________

El Mediterráneo Oriental

Sección 4

Vocabulario • Palabras que debes comprender:

- textiles (446): telas hechas tejiendo o urdiendo los hilos, o por otros métodos
- basalto (447): roca oscura, de grano fino, que se encuentra en capas o láminas enormes
- arrolladoramente (447): en su mayor parte; a un grado importante

Clasificar países • Después de leer cada oración, marca el cuadrado del país correcto.

	Siria	Líbano	Jordania
1. La mayoría de su población es palestina.	❑	❑	❑
2. Controlado por Gran Bretaña hasta la década de 1940.	❑	❑	❑
3. Su población es 74 por ciento musulmana sunita.	❑	❑	❑
4. Gobernado por el rey Hussein de 1952 a 1999	❑	❑	❑
5. Su población variada hace difícil gobernarlo.	❑	❑	❑
6. Dirigido por Hafiz al-Assad de 1971 a 2000	❑	❑	❑
7. País pequeño, costero y montañoso	❑	❑	❑
8. Creado del territorio otomano después de la Primera Guerra Mundial	❑	❑	❑
9. El gobierno es propietario de refinerías petroleras	❑	❑	❑
10. La guerra civil causó destrucción de 1970 a 1990.	❑	❑	❑
11. Se convirtió en parte del Imperio Otomano en los años 1500s	❑	❑	❑
12. Establecido por muchos grupos étnicos y religiosos	❑	❑	❑
13. Rico en basalto, piedra caliza y fosfatos	❑	❑	❑
14. Tierras árabes de la Ribera Oeste anexadas en 1948	❑	❑	❑

Identificar lugares • Identifica cada una de las siguientes oraciones como una descripción de Damasco, Beirut, Ammán o el valle del Jordán.

______________ **1.** Capital de Líbano

______________ **2.** Única ciudad grande de Jordania

______________ **3.** Ciudad más antigua de la Tierra que ha sido habitada continuamente

______________ **4.** Tiene abundante agua para riego

______________ **5.** Capital de Jordania

_______________ **6.** Capital de Siria

_______________ **7.** Tiene granjas que producen frutas y verduras

_______________ **8.** Seriamente dañada después de 20 años de guerra civil

Distinguir un hecho de una opinión • **En cada espacio, escribe *H* si la oración es un hecho y *O* si es una opinión.**

_____ **1.** Jordania no produce suficiente fosfato, cemento y potasa.

_____ **2.** Una parte importante de la economía de Siria es la producción de alimentos y sustancias químicas.

_____ **3.** La economía de Líbano se recupera muy lentamente desde la guerra civil.

_____ **4.** Jordania no acepta donaciones de dinero de otros países.

_____ **5.** La economía de Líbano depende de los textiles, el cemento, las sustancias químicas, los alimentos procesados y la fabricación de joyería.

_____ **6.** Los agricultores libaneses producen tabaco, fruta, granos y verduras.

_____ **7.** La economía de Siria no debería centrarse en los textiles.

_____ **8.** El sobrepastoreo causa erosión en Jordania y debe ser detenido inmediatamente.

_____ **9.** El gobierno de Siria es el propietario de los ferrocarriles del país, de enormes plantas eléctricas, de refinerías petroleras y de algunas fábricas.

_____ **10.** La refinación de petróleo crudo es una industria líder en Líbano.

Nombre ____________________ Grupo ______________ Fecha ______________

África del Norte

SECCIÓN 1

Vocabulario • **Palabras que debes comprender:**

- vasto (472): de tamano muy grande; inmenso; enorme
- dunas (472): colinas redondeadas o montículos de arena que junta el viento
- anuales (473): que ocurren una vez al año
- resistentes (474): vigorosos; fuertes
- oasis (474): lugar húmedo y fértil en el desierto
- gacelas (474): antílopes rápidos, pequeños y graciosos que tienen cuernos retorcidos y grandes ojos

Organizar información • **Completa la tabla siguiente proporcionando información acerca del desierto del Sahara.**

Tamaño	
Ergs	
Regs	
Montañas	
Clima	

Revisar hechos • **Responde las preguntas en los espacios correspondientes.**

1. ¿Dónde termina el río Nilo? ______________________________

____

2. ¿Dónde se forma el río Nilo? ______________________________

____

3. ¿Qué es el valle del río Nilo? ______________________________

____

4. ¿Qué es el delta del río Nilo? ______________________________

____

5. ¿Quién vive cerca del río Nilo? ¿Por qué piensas que ocurre esto? ______________

____

Comprender ideas • Escribe en el espacio la palabra, frase o lugar que completa correctamente cada oración.

1. Gacelas, hienas, hierbas y arbustos son sólo algunos de los animales y plantas que se encuentran cerca de los ______________ en el desierto.

2. El Sahara tiene minerales como cobre, oro y ______________.

3. Algunos países de África del Norte producen ______________ usados para hacer fertilizantes.

4. ______________ son áreas bajas, como el Qattara al oeste de Egipto.

5. La ______________ es una área rocosa y árida que está al este del Nilo.

6. El ______________ y el ______________ son recursos especialmente importantes de Argelia, Libia y Egipto.

7. Repentinas inundaciones y tormentas de arena y polvo son los riesgos del ______________.

8. Durante la década de 1860 los franceses construyeron el ______________ entre la península del Sinaí y el resto de Egipto.

Identificar climas • Identifica los tres tipos de clima que hay en África del Norte y dónde se localizan.

1. Clima: ______________________________

Localización: ______________________________

2. Clima: ______________________________

Localización: ______________________________

3. Clima: ______________________________

Localización: ______________________________

Nombre ______________________ Grupo ______________ Fecha ______________

África del Norte

SECCIÓN 2

Vocabulario • Palabras que debes comprender:

- pirámides (475): estructuras gigantescas que tienen cuatro lados triangulares e inclinados, y una base cuadrada
- monumentos (475): estructuras construidas para recordar a una persona o algún hecho
- cruenta (477): caracterizada por sentimientos intensos de resentimiento y disgusto
- *harissa* (478): salsa picosa fuerte
- *fuul* (478): platillo egipcio hecho con frijoles machacados con aceite, sal, pimienta, ajo y limones; la mezcla se sirve con huevos duros y pan
- Ramadán (479): periodo sagrado de ayuno entre el amanecer y el atardecer durante el noveno mes del año musulmán
- *sintir* (479): instrumento musical marroquí de tres cuerdas

Ordenar sucesos en secuencia • Numera los siguientes sucesos en el orden en que ocurrieron.

_____ **1.** Argelia ganó su independencia después de una larga y cruenta guerra contra Francia.

_____ **2.** Las naciones europeas controlaron todo África del Norte.

_____ **3.** Marruecos tomó el poder de la colonia española original del oeste del Sahara.

_____ **4.** Egipto ganó algo de independencia de Gran Bretaña.

_____ **5.** Los ejércitos árabes del sudoeste de Asia empezaron a recorrer África del Norte.

_____ **6.** Marruecos, Libia y Túnez obtuvieron su independencia.

_____ **7.** Naguib Mahfouz se convirtió en el primer escritor árabe en ganar el premio Nobel de literatura.

_____ **8.** Las tierras a lo largo del norte del Nilo fueron unificadas en un solo reino egipcio.

_____ **9.** Egipto fue el primer país árabe en firmar un tratado de paz con Israel.

_____ **10.** Gran Bretaña retiró sus bases militares en Egipto y dejó de controlar el Canal de Suez

_____ **11.** Alejandro Magno fundó la ciudad de Alejandría en Egipto

_____ **12.** Los países europeos empezaron a apoderarse de África del Norte.

Identificar términos • En cada espacio escribe el término o lugar identificado para cada descripción.

_______________ **1.** Pastores nómadas que viajan por los desiertos del sudoeste de Asia y Egipto.

_______________ **2.** Profeta del Islam.

_______________ **3.** Reyes egipcios enterrados en las pirámides.

_______________ **4.** Importante puerto y centro comercial en la costa del Mediterráneo.

_______________ **5.** Gobernó Argelia, Túnez y parte de Marruecos.

_______________ **6.** Pinturas egipcias y símbolos que representan palabras e ideas.

_______________ **7.** Tomó Libia del Imperio Otomano.

_______________ **8.** Ciudad de Marruecos que se convirtió en el mayor centro de aprendizaje del Islam.

Revisar hechos • En cada caso, encierra la letra de la *mejor* opción.

1. La escala musical del norte de África
- **a.** fue escrita con un código especial.
- **b.** es extremadamente difícil de entender.
- **c.** tiene más notas que la escala occidental.
- **d.** es usada por unos cuantos músicos.

2. ¿Cuál de los grupos siguientes llevó el islamismo al norte de África?
- **a.** los egipcios
- **b.** los ejércitos árabes
- **c.** los europeos
- **d.** los nómadas rusos

3. La mayoría de los africanos del norte son
- **a.** británicos y hablan persa.
- **b.** budistas y hablan suahili.
- **c.** musulmanes y hablan árabe.
- **d.** egipcios y hablan francés.

4. África del Norte es conocida por todas las artes siguientes excepto por su (s)
- **a.** extraordinaria arquitectura.
- **b.** alfombras coloridas.
- **c.** talla en madera.
- **d.** escultura en mármol

5. La mayoría de las personas que viven al oeste de África del Norte son una mezcla de
- **a.** árabes y beréberes.
- **b.** beduinos y franceses.
- **c.** egipcios y europeos.
- **d.** africanos y británicos.

6. ¿Cuál es el país de África del Norte que tiene el mayor número de no musulmanes?
- **a.** Túnez
- **b.** Egipto
- **c.** Marruecos
- **d.** Argelia

Nombre ______________________ Grupo ______________ Fecha ______________

África del Norte

SECCIÓN 3

Vocabulario • **Palabras que debes comprender:**

- terrenos (482): pequeñas áreas de suelo
- el extranjero (483): lugar fuera del país donde vive una persona
- peaje (483): cuota que se tiene que pagar por el privilegio de usar algo o cruzar por algún lado, como un puente
- productividad (484): capacidad de producción abundante; rendimiento

Describir ciudades • **Completa la tabla siguiente describiendo las dos ciudades más grandes de Egipto.**

El Cairo	Alejandría

Identificar términos • **Relaciona cada descripción de la izquierda con el término correcto de la derecha. Escribe la letra de la respuesta correcta en el espacio correspondiente.**

_____ **1.** Uno de los canales con más movimiento del mundo

_____ **2.** Donde viven casi todos los egipcios

_____ **3.** Debe pagarse para cruzar el Canal de Suez

_____ **4.** Agricultores egipcios propietarios de pequeñas parcelas

_____ **5.** Crece en el clima soleado y cálido del delta del Nilo

_____ **6.** Se solía usar para hacer las casas de las personas en El Cairo

a. algodón

b. valle del río Nilo

c. peajes

d. fellahin

e. ladrillo de lodo o barro

f. Canal de Suez

Reconocer desafíos • **En cada espacio, describe seis desafíos que Egipto enfrenta en la actualidad.**

1. ______________________________

2. ______________________________

3. ______________________________

4. ______________________________

5. ______________________________

6. ______________________________

Comprender ideas • **Responde las preguntas en los renglones correspondientes.**

1. ¿Por qué Egipto tiene que importar gran parte de sus alimentos? ______________________________

2. ¿De qué manera los fellahin se sostienen a sí mismos? ______________________________

3. ¿Cuáles son tres de las industrias más importantes de Egipto? ______________________________

4. ¿De qué manera ganan su sustento el 40 por ciento de los trabajadores egipcios? ______________________________

5. ¿Qué cultivos crecen en las granjas a lo largo del río Nilo? ______________________________

6. ¿Cómo ha cambiado la calidad de vida de los egipcios en los últimos 50 años? ______________________________

Nombre ____________________ Grupo ____________ Fecha ____________

África del Norte

SECCIÓN 4

Vocabulario • Palabras que debes comprender:

- laberinto (485): compleja red de caminos sinuosos
- distrito (485): territorio; área que se aparta o reserva para un propósito específico
- fortaleza (485): edificio con muros altos y otras características para proteger contra los enemigos
- transbordador (485): barco que transporta personas y carros a través de una vía de agua
- secuestros (487): retener a una o más personas contra su voluntad, generalmente por un rescate

Definir términos • En cada espacio, define cada uno de los términos siguientes.

1. dictador: ____________________

____

2. Casbah: ____________________

____

3. puerto libre: ____________________

____

4. zocos: ____________________

____

Identificar ciudades • En cada espacio, escribe la ciudad identificada para cada definición.

Tánger	Argel	Bengasi
Casablanca	Trípoli	Túnez

____________ **1.** Capital de Libia

____________ **2.** Ciudad grande de Marruecos

____________ **3.** Capital de Argelia

____________ **4.** Ciudad grande de Tunicia

____________ **5.** Gran ciudad de Libia que no es su capital

____________ **6.** Hermosa ciudad que da al estrecho de Gibraltar

Identificar países • **Por cada inciso de la izquierda, marca un cuadro de la derecha. Algunos incisos pueden tener más de una respuesta.**

	Túnez	Libia	Marruecos	Argelia
1. El país más urbanizado de África del Norte	❑	❑	❑	❑
2. Los agricultores son casi la mitad de la fuerza laboral	❑	❑	❑	❑
3. Tiene relaciones económicas cercanas con los países de la Unión Europea	❑	❑	❑	❑
4. El gobierno canceló las elecciones de 1992	❑	❑	❑	❑
5. Su población es de unos cinco millones de habitantes	❑	❑	❑	❑
6. Son los países del Maghreb	❑	❑	❑	❑
7. Es un importante productor y exportador de fertilizante	❑	❑	❑	❑
8. La tierra fértil está limitada por pequeñas áreas costeras	❑	❑	❑	❑
9. Importa la mayor parte de su comida	❑	❑	❑	❑
10. Cerca del 20 por ciento de los trabajadores son agricultores	❑	❑	❑	❑
11. Tiene un puerto libre	❑	❑	❑	❑
12. Es la única nación del norte de África con petróleo	❑	❑	❑	❑
13. Cerca del 80 por ciento del comercio es con los países de la Unión Europea	❑	❑	❑	❑
14. Está en su mayor parte cubierto por el Sahara	❑	❑	❑	❑
15. Gobernado por un violento dictador	❑	❑	❑	❑
16. Necesita más libertad política y económica	❑	❑	❑	❑
17. Se localiza cruzando España	❑	❑	❑	❑
18. Su capital es Argelia	❑	❑	❑	❑

Nombre ______________________ Grupo ______________ Fecha ______________

África Occidental

SECCIÓN 1

Vocabulario • Palabras que debes comprender:

- pastaron excesivamente (492): que han comido muchas hierbas y plantas y se ha dañado la tierra
- abundante (492): demasiada; una enorme provisión
- pantanos (493): áreas húmedas y esponjosas que constante o frecuentemente están inundadas

Organizar información • Completa la tabla siguiente describiendo el clima de cada zona.

Zona	Clima
Sahara	
Sahel	
Sabana	
Costa y selva	

Identificar zonas climáticas • En cada espacio, escribe la zona climática identificada para cada descripción. Usa los nombres de las zonas climáticas de la tabla anterior.

______________ **1.** Suelo bueno, hierba densa y altos árboles dispersos

______________ **2.** Mayor parte del norte de África Occidental

______________ **3.** Contiene el desierto más grande del mundo

______________ **4.** Hogar de un insecto mortal

______________ **5.** Se extiende a lo largo del Atlántico y del golfo de Guinea

______________ **6.** Experimentó una severa sequía a finales de la década de 1960

_______________ **7.** Contiene muchas ciudades grandes de África Occidental

_______________ **8.** Grandes áreas de esta zona tienen pocas personas o ninguna.

Identificar términos y lugares • Relaciona cada descripción de la izquierda con el término o lugar correcto de la derecha. Escribe la letra de la respuesta correcta en el espacio correspondiente.

_____ **1.** Pequeña mosca que transporta el mal del sueño, una enfermedad mortal

_____ **2.** Río más importante de África Occidental; desemboca en el golfo de Guinea

_____ **3.** Región de pastizales secos

_____ **4.** Fuente principal de aluminio

_____ **5.** Viento seco y polvoso del invierno que sopla del sur del Sahara hacia el Sahel

_____ **6.** Para extender a lo largo de un área en franjas

_____ **7.** Red de riachuelos, pantanos y lagos en el Sahel

_____ **8.** Principal exportación de Nigeria

a. zonales

b. Sahel

c. harmatán

d. Níger

e. bauxita

f. tse tse

g. petróleo

h. delta interior

Analizar información • Responde las preguntas en los espacios correspondientes.

1. ¿Cuál es la dificultad para eliminar la mosca tse tsé sin dañar el medio ambiente? _______________

____

____

2. ¿Qué amenaza las selvas tropicales a lo largo de la costa de África Occidental? _______________

____

____

3. ¿Cómo afectó una larga sequía al medio ambiente del Sahel? _______________

____

____

Nombre ______________________ Grupo ______________ Fecha ______________

África Occidental

SECCIÓN 2

Vocabulario • Palabras que debes comprender:

- dátiles (494): fruta dulce y carnosa producida por las palmeras datileras
- nueces de cola (494): semillas del árbol de cola que contienen cafeína, empleadas como saborizantes en medicinas o refrescos
- declinaron (495): se debilitaron; desaparecieron poco a poco
- devastadoras (495): horribles; terribles
- turbantes (498): tocados hechos de una pieza larga de tela enrollada en la parte superior de la cabeza

Revisar hechos • Identifica cada una de las frases siguientes como una descripción de Ghana, Songhay o Malí. Escribe tu respuesta en el renglón correspondiente.

______________ **1.** Reemplazó al reino de Ghana

______________ **2.** Timbuktú fue su centro cultural

______________ **3.** Conquistada por guerreros musulmanes de Marruecos

______________ **4.** Debilitada por las invasiones de marroquíes antes de 1600

______________ **5.** Uno de los primeros reinos del oeste africano

______________ **6.** Famosa por sus universidades, mezquitas y más de 100 escuelas

______________ **7.** Se extiende desde el delta interior del Níger hacia la costa del Atlántico

______________ **8.** Los mercaderes de África del Norte cruzaban el Sahara para comprar y vender ahí

______________ **9.** Su gobernador, Mansa Musa, ganó fama por su sabio gobierno, riqueza y generosidad

______________ **10.** Basa su comercio en dátiles, sal, animales, nueces de cola y otros artículos

Ordenar sucesos en secuencia • Numera los sucesos siguientes en el orden en que ocurrieron.

_______ **1.** Las colonias europeas compitieron por el poder en África Occidental.

_______ **2.** Portugal renunció a sus colonias de África Occidental.

_______ **3.** Los exploradores portugueses empezaron a navegar a lo largo de la costa de África Occidental.

_______ **4.** Liberia se creó como el hogar de esclavos liberados.

_______ **5.** Chad creó su primera constitución democrática.

_______ **6.** El reino de Ghana estuvo en su cumbre.

_______ **7.** Los europeos dejaron de comprar oro de África Occidental.

_______ **8.** Los primeros pueblos comerciantes se desarrollaron en el delta interior del Níger.

_______ **9.** La mayoría de las colonias se independizaron.

_______ **10.** Los europeos vendieron africanos esclavizados a colonizadores y obtuvieron grandes ganancias.

Identificar desafíos • En cada espacio, identifica cuatro retos que enfrentan los países de África Occidental.

1. ______________________________

2. ______________________________

3. ______________________________

4. ______________________________

Describir una cultura • Completa la tabla siguiente describiendo la cultura de África Occidental.

Idiomas	
Religiones	
Vestimenta	
Casas	

Nombre ______________________ Grupo ______________ Fecha ______________

África Occidental

Sección 3

Vocabulario • Palabras que debes comprender:

- anterior (499): pasado, fuera de tiempo
- expansión (499): aumento; ampliación
- bereber (499): pueblo musulmán del norte de África
- choza (500): pequeña casa construida de manera inestable y tosca

Clasificar países • Completa la tabla siguiente escribiendo el número de cada oración abajo del país correcto.

1. Muchos de sus habitantes son moros.

2. El río Níger corre por su esquina sudoeste.

3. El nombre de este país significa "tierra de personas honestas".

4. Se localiza en el centro de África.

5. La mayor parte del norte está cubierto por el Sahara.

6. Los agricultores cultivan frijoles, cacahuates, algodón, chícharos y arroz.

7. La mayoría de los ciudadanos fueron una vez pastores nómadas.

8. Timbuktú y Gao, antiguas ciudades comerciales, atraen turistas.

9. La mayor parte de los árboles en la capital y cerca de ella han sido cortados para hacer fuego y para tener material de construcción.

10. El mayor lago tiene ahora un tercio del tamaño que tenía en 1950.

11. Aproximadamente el 80 por ciento de las personas pescan o siembran a lo largo del río Níger.

12. Existen tensiones entre los africanos negros y los moros.

13. Sólo el 3 por ciento de la tierra es buena para cultivarse.

14. La mayoría de las personas siguen tradiciones religiosas.

Mauritania	Malí	Níger	Chad	Burkina Faso

Describir desafíos • Completa la tabla siguiente describiendo los desafíos que enfrentan los países del Sahael.

Sequía	
Pobreza	
Falta de recursos naturales	
Falta de tierras para cultivar	

Identificar términos • En cada espacio, escribe el término identificado para cada descripción.

_______________ **1.** Cultivos de granos que pueden sobrevivir a la sequía en la sabana

_______________ **2.** Enfermedad transmitida por los mosquitos

_______________ **3.** Principal cultivo comestible

_______________ **4.** Personas, mezcla de árabes y bereberes, originarias de África del Norte

Nombre ______________________ Grupo ______________ Fecha ______________

África Occidental

SECCIÓN 4

Vocabulario • Palabras que debes comprender:

- dependencia (503): necesitado de, tener confianza o fiarse de
- corruptos (503): deshonestos, fraudulentos
- enriquecerse (503): hacerse rico; perfeccionar; mejorar
- complicados (504): confusos
- choques (504): peleas; discusiones; riñas o discrepancias
- descendientes (504): hijos; progenitura; parientes; familia
- destruyó (504): arruinó; hundió

Identificar ciudades • Escribe en cada espacio el nombre de la ciudad que completa correctamente cada oración.

1. ____________________ es la capital de Senegal y un importante puerto y centro manufacturero.

2. La capital de Liberia, ____________________, fue llamada así por el presidente de Estados Unidos James Monroe.

3. ____________________ es la ciudad más grande y la capital anterior de Nigeria.

4. Los dirigentes nigerianos escogieron a ____________________ como su nueva capital debido a que se localiza en el centro y a que no ha sido reclamada por ningún grupo étnico mayoritario.

Revisar hechos • En cada caso, encierra la letra de la *mejor* opción.

1. Ghana tiene uno de los mayores del mundo:
  a. lagos.
  b. montes.
  c. valles.
  d. desiertos.

2. ¿Cuál de los países costeros tiene más recursos naturales?
  a. Gambia
  b. Senegal
  c. Ghana
  d. Nigeria

3. Guinea tiene enormes provisiones de
  a. oro.
  b. mineral de hierro.
  c. bauxita.
  d. gas natural

4. Sierra Leona exporta muchas(os)
  a. naranjas.
  b. diamantes.
  c. granos de café
  d. rubíes.

Clasificar países • En cada espacio, escribe la abreviatura del o de los países correctos. Las respuestas pueden usarse más de una vez.

NI: Nigeria
GA: Gambia
LI: Liberia
CM: Costa de Marfil
SE: Senegal
GU: Guinea
SL: Sierra Leona
TB: Togo y Benín
GB: Guinea-Bissau
CV: Cabo Verde
GH: Ghana

______ **1.** Muchas personas que viven en él hablan un idioma llamado wolof.

______ **2.** Único país isleño de África Occidental

______ **3.** Madera, oro y cacao son sus principales productos

______ **4.** República más antigua de África

______ **5.** Poblado por esclavos americanos liberados

______ **6.** Líder mundial en exportaciones de cacao y café

______ **7.** Sus residentes hablan más de 200 idiomas diferentes

______ **8.** Conjunto de islas volcánicas en el océano Atlántico

______ **9.** Antigua colonia británica que comparte límites con Senegal

______ **10.** Vecino oriental de Nigeria

______ **11.** Los grupos étnicos más grandes son los hausa, ibo, fula y yoruba.

______ **12.** Países agrícolas largos, angostos y pobres

______ **13.** Buenos ferrocarriles y caminos

______ **14.** Antigua colonia francesa que está alrededor de Gambia

______ **15.** Recursos minerales sin explotar

______ **16.** Los ibo intentaron separase y formar Biafra en la década de 1960.

______ **17.** Hubo una cruenta guerra civil en la década de 1980.

______ **18.** El petróleo es uno de los recursos naturales más importantes.

______ **19.** El cacahuate o maní es el cultivo más importante.

______ **20.** Tiene la población más grande de África.

África Oriental

SECCIÓN 1

Vocabulario • Palabras que debes comprender:

- agitar (510): dar vueltas; mover rigurosamente; hacer remolinos violentamente
- se arquee (510): se levante; se mueva hacia arriba haciendo una curva
- franja fértil (511): fuente de una sustancia vital
- algas (511): organismos microscópicos, unicelulares que contienen clorofila y se encuentran en lugares húmedos
- arbustos de espinas (511): arbustos pequeños y resistentes que tienen espinas puntiagudas

Revisar hechos • En cada caso, encierra la letra de la *mejor* opción.

1. El norte de Sudán y su costa nordeste tienen
a. clima tropical y subtropical.
b. clima ártico y tundra.
c. estepas y clima desértico.
d. un clima húmedo continental.

2. ¿Cuál de los siguientes aspectos no describe al monte Kilimanjaro?
a. cubierto por árboles altos
b. cerca del ecuador
c. volcánico
d. la montaña más alta de África

3. La mayoría de los africanos orientales son
a. agricultores de café y té
b. pastores o agricultores
c. trabajadores en las haciendas
d. nómadas o mineros

4. Los recursos minerales de África Oriental no incluyen
a. cobre.
b. carbón.
c. diamantes.
d. potasa.

5. La mayor parte de África Oriental está cubierta de
a. cañones y desfiladeros.
b. montes y colinas.
c. planicies y mesetas.
d. ríos y lagos.

6. ¿Cuál de los siguientes elementos está en la parte este de África Oriental?
a. playas arenosas
b. altas montañas
c. largas penínsulas
d. glaciares

Organizar información • Responde las siguientes preguntas acerca del Valle de la Gran Grieta en África Oriental.

1. ¿Qué es una grieta? ______________________________

____

2. ¿Dónde se localiza la Grieta Oriental? ______________________________

____

3. ¿Dónde se localiza la Grieta Occidental? ______________________________

____

4. ¿Qué semejan o qué parecen las grietas? ______________________________

____

5. ¿Qué ha ocasionado las grietas? ______________________________

____

6. ¿Por qué hay cambios climáticos a los lados de los valles de la grieta? ______________________________

____

Identificar ríos y lagos • En cada espacio, escribe la abreviatura del río o lago correctos. Algunas respuestas requieren más de un río o lago. Las abreviaturas pueden usarse más de una vez.

RN: río Nilo | **NB**: río Nilo Blanco | **NA**: río Nilo Azul
LV: lago Victoria | **LN**: lago Nakuru | **GL**: grandes Lagos

______ **1.** Fuente del Nilo Blanco

______ **2.** Contiene mucha sal para que los peces puedan sobrevivir en él

______ **3.** Se encuentran en Khartum, Sudán, para crear el río Nilo

______ **4.** Las algas microscópicas proporcionan alimento a más de un millón de flamingos

______ **5.** Lo forman corrientes de las tierras altas de Etiopía

______ **6.** Se extienden en un cadena a través de la Grieta Occidental

______ **7.** El río más largo del mundo

______ **8.** Se forma por las aguas de corrientes que se juntan en el lago Victoria

______ **9.** Lago más grande de África según su área

______ **10.** Proporciona una franja fértil a lo largo del Sudán

Nombre ______________________ Grupo ______________ Fecha ______________

África Oriental

SECCIÓN 2

Vocabulario • Palabras que debes comprender:

- marfil (512): sustancia dura de color hueso que compone los colmillos de los elefantes, morsas y otros animales
- clavo (513): brotes secos de un árbol tropical, de hoja perenne; empleados como especie
- rivalidades (513): desacuerdos; conflictos; competencias
- anexado (513): agregado o añadido algo pequeño a otra cosa más grande
- diversidad (514): variedad

Identificar conquistadores • Relaciona cada una de las acciones de la izquierda con el conquistador correcto de la derecha. Escribe la letra de la respuesta correcta en el espacio correspondiente.

_____ **1.** Controló Tanzania después de la Primera Guerra Mundial

_____ **2.** Anexó Etiopía de 1936 a 1941

_____ **3.** Libró guerras con líderes musulmanes

_____ **4.** Se repartieron entre ellos la mayor parte de África

_____ **5.** Colonizó Burundi, Ruanda y Tanzania antes de la Primera Guerra Mundial

_____ **6.** Estableció los primeros fuertes y poblaciones europeas en la costa de África Oriental

_____ **7.** Ocupó el poder de Burundi y Ruanda después de la Primera Guerra Mundial

_____ **8.** Conquistó Egipto y África del Norte pero no África Oriental

a. Portugueses
b. reinos cristianos
c. Gran Bretaña
d. Bélgica
e. ejércitos árabes
f. Italia
g. potencias europeas
h. Alemania

Identificar términos y lugares • En cada espacio, escribe el término o lugar identificada para cada descripción.

______________ **1.** Establecido(a) por un gran número de europeos

______________ **2.** Señalados por los gobernadores coloniales para controlar sus países

______________ **3.** Sitio donde los brazos del Nilo se juntan

______________ **4.** Idioma bantú que es ampliamente hablado de África Oriental

_______________ **5.** Isla de África Oriental que fue centro del comercio de esclavos

_______________ **6.** Centro de los antiguos reinos cristianos en lo que ahora es el norte de Sudán

Organizar Información • Completa la tabla siguiente describiendo dos desafíos y dos conflictos que recientemente enfrentaron países de África Oriental.

Desafíos	
Conflictos	

Nombre ______________________ Grupo ______________ Fecha ______________

África Oriental

SECCIÓN 3

Vocabulario • Palabras que debes comprender:

- estable (515): constante; firme; continuo; uniforme; tranquilo
- ingresos (515): dinero u otro tipo de pago
- transformaran (516): convirtieran de una forma a otra
- autosuficiencia (516): independiente; capaz de sobrevivir sin ayuda externa

Analizar similitudes • Completa la tabla siguiente analizando las similitudes entre países.

Pregunta	Respuesta
1. ¿Qué tienen en común las economías de Sudán y Tanzania?	
2. ¿Por qué los turistas se sienten atraídos tanto por Kenia como por Tanzania?	
3. ¿Cuáles son las semejanzas entre la guerra en Sudán y la de Burundi y Ruanda?	

Comparar y contrastar • **En cada espacio, compara y contrasta cada uno de los siguientes aspectos.**

Sudán Central		El Sudd
______________________	⟷	______________________
______________________	⟷	______________________
______________________	⟷	______________________
______________________	⟷	______________________

Punto de vista británico sobre la tierra		Punto de vista kikuyu sobre la tierra
______________________	⟷	______________________
______________________	⟷	______________________
______________________	⟷	______________________
______________________	⟷	______________________

Identificar países • **Completa la tabla siguiente escribiendo el número de cada descripción abajo del país correcto.**

1. Se creó en la década de 1960 cuando Tangañica y la isla de Zanzíbar se unieron
2. Colonias anteriores de Alemania
3. Obtuvo su independencia de Gran Bretaña en la década de 1960
4. La inversión extranjera se detuvo debido a una violenta dictadura
5. Se descubrió petróleo pero aún no se ha explotado
6. La economía se derrumbó durante la década de 1970.
7. Fundado a lo largo de la costa del océano Índico por mercaderes árabes
8. Gobernado por Bélgica después de la Primera Guerra Mundial
9. Controlado por Portugal desde los 1500s hasta cerca de los 1700s
10. Seconvirtió en dos países después de ganar su independencia en los años 1960s

Kenia	Tanzania	Ruanda y Burundi	Uganda	Sudán

Nombre ______________________ Grupo ______________ Fecha ______________

África Oriental

SECCIÓN 4

Vocabulario • Palabras que debes comprender:

- invasiones (519): entradas de fuerzas militares agresivas u otros enemigos
- grave (520): dura; intensa; extrema
- mantenido (521): guardado; llevado con; continuado

Comprender ideas • Primero, llena los espacios en blanco con letras que deletreen el nombre de un país, de una ciudad o de una característica física. Después, explica el significado de la palabra que se forma con las letras encerradas en los cuadros.

1. La [ ] ___ ___ ___ ___ ___ de Sudán se ubica entre la ciudad de Khartum y la región del Sudd.

2. Kampala es la capital de [ ] ___ ___ ___ ___ ___.

3. [ ] ___ ___ ___ ___ ___ ___ contiene montañas de laderas escarpadas y mesetas elevadas.

4. ___ ___ ___ ___ [ ] ___ ___ fue colonizada por Italia a fines de la década de 1880.

5. Un estrecho que ayuda a la economía de Djibouti es ___ ___ ___ ___ ___ - ___ ___ [ ] ___ ___ ___.

6. La capital de Somalia es ___ [ ] ___ ___ ___ ___ ___ ___ ___.

Significado de la palabra que se forma con las letras enmarcadas en los cuadros: ______________

____

Revisar hechos • Encierra la palabra o frase en negritas que completa *mejor* cada oración.

1. La mayoría de las personas que viven en las tierras altas de Etiopía son **musulmanas** / **cristianas**.

2. **Eritrea** / **Etiopía** se localiza en el mar Rojo.

3. El Afar está relacionado con las personas de **Etiopía** / **Djibouti**.

4. Una de las principales exportaciones de Etiopía es **el café** / **la caña de azúcar**.

5. Somalia tiene muchos(as) **cañones** / **sabanas**.

6. El Issa está cercanamente vinculado con las personas de **Uganda** / **Somalia**.

7. Djibouti se independizó en **1956** / **1977**.

8. Muchas de las personas que viven en las tierras **altas** / **bajas** de Etiopía son musulmanes.

9. Las/los **montañas** / **océanos** han protegido a Etiopía de invasiones.

10. La mayoría de los somalíes hablan un idioma **árabe** / **somalí**.

Identificar países • Por cada inciso de la izquierda, marca un cuadro de la derecha.

	Etiopía	Eritrea	Somalia	Djibouti
1. Está situado en el Bab al-Mandab	❑	❑	❑	❑
2. Uno de los países más pobres del mundo	❑	❑	❑	❑
3. Tiene principalmente sólo un grupo étnico	❑	❑	❑	❑
4. Suelo volcánico y rico para la agricultura	❑	❑	❑	❑
5. La mayoría de las personas son pastores nómadas	❑	❑	❑	❑
6. Recibe ayuda de Francia	❑	❑	❑	❑
7. Treinta años de sequía	❑	❑	❑	❑
8. Dependiente de los productos agrícolas importados	❑	❑	❑	❑
9. Recibió tropas de la ONU y norteamericanas	❑	❑	❑	❑
10. Puerto que sirve a Etiopía, país sin salida al mar	❑	❑	❑	❑
11. Se separó de Etiopía en 1993	❑	❑	❑	❑
12. Sucedió una sequía durante una guerra civil	❑	❑	❑	❑
13. Etiopía y Somalia quieren controlarlo	❑	❑	❑	❑
14. Peleó una prolongada guerra con Etiopía	❑	❑	❑	❑
15. Hogar de los issa y afar	❑	❑	❑	❑
16. Varios millones de personas murieron de hambre en la década de 1980	❑	❑	❑	❑
17. Una provincia de Etiopía en la década de 1960	❑	❑	❑	❑
18. La mayoría de la población tiene la misma cultura y religión	❑	❑	❑	❑

África Central

SECCIÓN 1

Vocabulario • Palabras que debes comprender:

- borde (526): orilla o límite superior y exterior
- okapi (526): animal rumiante que es parte de la familia de las jirafas, pero tiene un cuello corto y piernas más cortas que las jirafas
- dispersos (527): separados en muchas direcciones diferentes; diseminados, rociados o salpicados
- cobalto (527): elemento químico metálico duro, de color gris acero, que se emplea en la fabricación de pinturas, tintas y otros productos

Describir climas • Describe el clima que existe en cada una de las siguientes localidades.

1. Muy al sur: ______________

2. Montañas altas del este: ______________

3. La mayor parte de la costa atlántica y de la cuenca del Congo: ______________

4. Norte y sur de la cuenca del Congo: ______________

Organizar información • Completa la tabla siguiente proporcionando información acerca de la selva tropical de África Central.

Dosel	
Animales	
Problemas	

Identificar términos y lugares • **Relaciona cada descripción de la izquierda con el término o lugar correcto de la derecha. Escribe la letra de la respuesta correcta en el espacio correspondiente.**

______ **1.** Baña la costa oeste de África Central

______ **2.** Río que corre por el este y es famoso por sus grandes cascadas

______ **3.** Se extienden por el noroeste de Camerún

______ **4.** Fuentes de energía en el Zambezi

______ **5.** Región que es en gran parte una superficie plana y que está rodeada de tierras altas

______ **6.** Capas más elevadas de los árboles en una selva tropical

______ **7.** Se extiende hacia el sudeste de la República Democrática del Congo

______ **8.** Recibe agua del Zambezi

______ **9.** Río que corre hacia el oeste, al océano Atlántico

______ **10.** Se extiende hacia el sur de Camerún y la República Centroafricana hasta Angola y Zambia

______ **11.** Se localizan en la cuenca del Congo y a lo largo de gran parte de la costa atlántica

______ **12.** Lagos localizados en el valle de la Grieta Occidental

______ **13.** Mercados al aire libre que se establecen regularmente en los cruces de caminos o en los pueblos en las zonas rurales

______ **14.** Norte de Zambia y sur de la República Democrática del Congo

a. océano Índico

b. Malawi y Tangañica

c. dosel

d. cuenca

e. montañas volcánicas

f. Congo

g. océano Atlántico

h. Valle de la Grieta Occidental

i. África Central

j. selvas tropicales

k. Zambezi

l. presas hidroeléctricas

m. cinturón del cobre

n. mercados periódicos

Nombre ______________________ Grupo ______________ Fecha ______________

África Central

Sección 2

Vocabulario • Palabras que debes comprender:

- campo de batalla (529): área donde se libra una batalla, especialmente en una guerra
- variación (530): desviación; algo que varía de otra cosa del mismo tipo
- plátano macho (531): plátano híbrido largo y firme, que se cocina de manera típica cuando está verde

Ordenar sucesos en secuencia • Numera los siguientes sucesos en orden en que ocurrieron.

_____ **1.** Europa dividió todo África Central en colonias.

_____ **2.** Angola se independizó de Portugal.

_____ **3.** África Central se convirtió en un campo de batalla durante la Guerra Fría.

_____ **4.** El Congo Belga, ahora la República Democrática del Congo, se independizó.

_____ **5.** Personas hablantes de bantú se trasladaron hacia África Central desde el oeste de África.

_____ **6.** El SIDA, la malaria y otras enfermedades se convirtieron en serios problemas de salud en África Central.

_____ **7.** Los europeos empezaron el comercio de esclavos y marfil en África.

_____ **8.** El reino del Kongo fue establecido alrededor de la desembocadura del río Congo.

Comprender religiones • Completa la tabla siguiente describiendo las principales áreas de África Central donde son practicadas las religiones que se indican.

Islamismo	Catolicismo romano	Cristianismo protestante

Resolver problemas • Identifica tres desafíos importantes que los países de África Central enfrentan y después plantea soluciones para cada uno.

1. Desafío: ____________________

____

Solución propuesta: ____________________

____

2. Desafío: ____________________

____

Solución propuesta: ____________________

____

3. Desafío: ____________________

____

Solución propuesta: ____________________

____

Revisar hechos • En cada caso, encierra la letra de la *mejor* opción.

1. *Fufu* es todo lo siguiente excepto
- **a.** un plato popular de Camerún.
- **b.** albóndiga de mandioca o plátanos machos machacados.
- **c.** plato servido con carne, pescado o salsa.
- **d.** tortita hecha de papas y arroz.

2. ¿Qué es un dialecto?
- **a.** una danza que se baila en Angola
- **b.** un instrumento musical africano
- **c.** un guisado que se come en África Central
- **d.** una variación de un idioma

3. África Central es conocida por todas las siguientes artes y artesanías excepto por
- **a.** canastas grandes.
- **b.** trajes largos de algodón desteñido.
- **c.** máscaras talladas.
- **d.** esculturas.

4. Cada idioma oficial en África Central
- **a.** está basado en el bantú.
- **b.** es raramente usado.
- **c.** es europeo.
- **d.** escogido por dictadores.

5. *Makossa* y *soukous* son tipos de
- **a.** poesía.
- **b.** música.
- **c.** comida.
- **d.** ropa.

6. El idioma más común en África Central es
- **a.** italiano.
- **b.** inglés.
- **c.** francés.
- **d.** alemán.

Nombre ______________________ Grupo ______________ Fecha ______________

África Central

Sección 3

Vocabulario • Palabras que debes comprender:

- contacto (532): comunicación; asociación, conexión
- barrios pobres (533): áreas urbanas muy pobladas con viviendas humildes y de pobreza extrema
- grandes recursos (534): colección valiosa; rica fuente
- estable (534): firme; racional; sano; duradero

Ordenar sucesos en secuencia • Escribe el número de cada suceso arriba de la fecha correcta de la línea de tiempo.

1. Un nuevo gobierno tomó el poder de Zaire después de una guerra civil.
2. Terminó el control del rey Leopoldo II sobre el Libre Estado del Congo.
3. El dictador Mobutu Sese Seko llegó al poder.
4. La colonia más grande de África Central se independizó de Bélgica.
5. Marinos portugueses hicieron contacto con el Reino del Kongo.
6. El rey Leopoldo II asumió el poder de la cuenca del Congo.
7. Mobutu Sese Seko estableció el nombre de Zaire.
8. Muchas personas de negocios belgas explotaron el cobre y otros recursos del Congo.

1482	1870s	1908	1909–1959	1960	1965	1971	1997

Comprender ideas • Escribe en el espacio la palabra, frase o lugar que completa correctamente cada oración.

1. Aproximadamente la mitad de las personas en la República Democrática del Congo practican la religión ______________.
2. La ciudad de ______________ se localiza a orillas del río Congo cerca de la costa atlántica.
3. Muchos residentes de la República Democrática del Congo se ganan la vida en la agricultura y el ______________.
4. El idioma oficial de la República Democrática del Congo es el ______________.

5. Uno de los grupos étnicos más grandes de la República Democrática del Congo es el

_______________.

6. Muchos belgas huyeron de la región después de que ocurrió la _______________ en 1960.

7. La mayor parte del cobre de la República Democrática del Congo es embarcado en la ciudad de

_______________.

8. Mobutu Sese Seko fue un aliado de Estados Unidos durante la _______________.

9. La capital de la República Democrática del Congo es _______________.

10. Una _______________ es una guerra entre dos o más grupos dentro de un mismo país.

11. La _______________ posee grandes riquezas minerales.

12. La parte sur de la República Democrática del Congo es parte de la franja del

_______________ de África Central.

13. El rey Leopoldo II obligó a las personas que vivían en el Estado Libre del Congo a trabajar en

haciendas y en _______________.

14. La República Democrática del Congo ha sufrido continuas luchas entre grupos

_______________.

Analizar información • Completa la tabla siguiente analizando las fortalezas y las debilidades de la República Democrática del Congo. Después predice el futuro de ese país.

Fortalezas	Debilidades
Futuro	

Nombre ______________________ Grupo ______________ Fecha ______________

África Central

SECCIÓN 4

Vocabulario • **Palabras que debes comprender:**

- rebeldes (537): personas que se comprometen en una lucha armada en contra de un gobierno
- estalló (537): sobrevino de repente; ocurrió violentamente; explotó
- misioneros (537): personas enviadas por una organización religiosa para intentar convertir a otros

Identificar países • **Por cada inciso de la izquierda, marca un cuadro de la derecha.**

	Duala	Yaundé	Brazzaville	Luanda
1. Ciudad grande y capital de Camerún	❑	❑	❑	❑
2. Se extiende cruzando el río Congo frente a Kinshasa	❑	❑	❑	❑
3. Capital de la República Democrática del Congo	❑	❑	❑	❑
4. Importante ciudad de la costa de Camerún	❑	❑	❑	❑
5. Ciudad más grande del sur de África Central	❑	❑	❑	❑
6. Centro de embarque de productos agrícolas y otras mercancías	❑	❑	❑	❑
7. Capital de Angola	❑	❑	❑	❑
8. Tiene edificios altos y fábricas	❑	❑	❑	❑

Describir economías • **Completa la tabla siguiente describiendo las economías de los países del norte y del sur de África Central.**

Norte de África Central	Sur de África Central

Identificar países • **En cada espacio, escribe el nombre del país o países identificados para cada descripción. Escoge tus respuestas de la siguiente lista. Algunas respuestas pueden usarse más de una vez.**

Camerún	Zambia	Angola
República Centroafricana	República del Congo	Santo Tomé y Príncipe
Gabón	Guinea Ecuatorial	Malawi

_______________ **1.** El norte de Luanda tiene petróleo en la costa.

_______________ **2.** El 90 por ciento de sus habitantes vive en zonas rurales.

_______________ **3.** Se independizó de Gran Bretaña en 1964.

_______________ **4.** Rebeldes pelearon contra los portugueses en la década de 1960 y a principios de la década de 1970.

_______________ **5.** Se requiere ayuda de otros países.

_______________ **6.** El país más poblado del norte de África Central

_______________ **7.** Se localiza en el sur de África Central

_______________ **8.** Muchos residentes han muerto o han sido heridos por minas terrestres.

_______________ **9.** Logró su independencia de España en 1968.

_______________ **10.** En grandes áreas hay pocas personas.

_______________ **11.** Ganó su libertad del gobierno de Portugal en 1975.

_______________ **12.** Incluye el exclave de Cabinda, rico en petróleo.

_______________ **13.** Fue colonia alemana hasta después de la Primera Guerra Mundial

_______________ **14.** Segundo país más poblado del norte de África Central

_______________ **15.** Es la economía más fuerte de África Central

_______________ **16.** La mayor parte de electricidad proviene de presas y plantas de energía situadas en los ríos

_______________ **17.** Antigua colonia pequeña en una isla, con una población de sólo unos 165,000 habitantes

_______________ **18.** Más de la mitad del valor de su economía proviene de su industria petrolera.

Nombre ______________________ Grupo ______________ Fecha ______________

África del Sur

SECCIÓN 1

Vocabulario • Palabras que debes comprender:

- hipopótamos (542): mamíferos pesados, de piel gruesa, casi sin pelo y patas cortas, que se alimentan de plantas y viven en los ríos de África
- babuinos (542): monos agresivos, grandes, de rabo corto, parecidos a los perros que viven en África y Arabia.
- antílope (542): animal rápido, parecido al venado, que se alimenta de hierbas y vaga en manadas salvajes por las planicies de África y Arabia
- caída (543): bajada rápida y repentina

Identificar países • Completa la tabla siguiente escribiendo cada país de África del Sur abajo de la categoría correcta.

Países de la costa	Países sin salida al mar	Enclaves	Isla

Describir climas • Responde las preguntas en los espacios correspondientes.

1. ¿Cómo influyen los vientos en el clima de la región? ______________________

____

2. ¿Dónde son comunes las tormentas y los mares encrespados? ______________________

____

3. ¿Cómo es el clima cerca del Cabo de Buena Esperanza? ______________________

____

4. ¿Cómo es la vegetación y el clima en la mayor parte de África del Sur? ______________________

____

Definir términos • En cada espacio, define el término del vocabulario.

1. pansas: ______________________________

____

2. veld: ______________________________

____

3. enclaves: ______________________________

____

Revisar hechos • Relaciona cada descripción con el accidente geográfico, desierto o río correcto de la derecha. Escribe la letra de la respuesta correcta en el espacio correspondiente.

_____ **1.** Pasa por las cataratas Aughrabies mientras corre al Atlántico

_____ **2.** Desierto que se extiende por la costa atlántica de África del Sur

_____ **3.** La mayor parte de la superficie del África del Sur

_____ **4.** Cadena montañosa en el límite oriental del altiplano interno y largo del sur de África

_____ **5.** Fluye hacia el océano Índico

_____ **6.** Límite del Parque Nacional Kruger de África del Sur con Mozambique

_____ **7.** Tormentas y fuertes oleajes son comunes.

_____ **8.** Desierto que ocupa la mayor parte de Botswana

a. Kalahari

b. Limpopo

c. el veld

d. Cabo de Buena Esperanza

e. Namibia

f. altiplano

g. Orange

h. Drakensberg

Identificar recursos • En cada espacio, escribe al menos tres recursos de África del Sur.

____

____

____

Nombre ______________________ Grupo ______________ Fecha ______________

África del Sur

SECCIÓN 2

Vocabulario • Palabras que debes comprender:

- fósiles (544): huellas o restos de vida animal o vegetal en zonas endurecidas de la corteza terrestre
- distintivo, a (544): diferente, especial, inusual
- asimilada (544): incorporada; asimilada, recogida
- estudiosos (544): personas que tienen gran conocimiento, expertos
- scholans (544): personas que tienen amplios conocimientos; expertos
- porcelana (545): material liso, duro y blanco que sirve para hacer cerámica y otros objetos
- incursionar (547): invadir o atacar súbita y violentamente

Identificar grupos • Escribe en el espacio la abreviatura del grupo correcto de la historia primitiva de África del Sur. Puedes emplear una respuesta más de una vez.

KH: khoisan **AB:** antiguos bantú **SH:** shona **SW:** suahili

______ **1.** Construyen un imperio en gran parte de lo que es Zimbabwe y Mozambique

______ **2.** Hablan idiomas que tienen extraños sonidos como un "clic".

______ **3.** Africanos que adoptaron el Islam y muchas costumbres árabes por los 1100s d.C.

______ **4.** Fueron agricultores, ganaderos, y comerciaron con oro

______ **5.** Primeros en traer el uso del hierro a África del Sur

______ **6.** Dejaron claras pinturas de animales y personas en las superficies de las rocas

______ **7.** Construyeron pueblos con muros de piedra llamados *zimbabwe*

______ **8.** Marineros y comerciantes de la costa este de África del Sur

______ **9.** Cazadores y recolectores que vivían en la parte continental de África del Sur

______ **10.** Comerciaron con el Gran Zimbabwe

______ **11.** En su mayoría fueron absorbidos en grupos que después se trasladaron a África del Sur

______ **12.** Se diseminaron del centro hacia el sur de África hace unos 1500 ó 2000 años

Clasificar información • Completa la tabla siguiente escribiendo el número de cada descripción abajo del grupo correcto de la historia primitiva de África del Sur.

1. Primeros europeos en llegar al sur de África
2. Prohibieron la esclavitud a partir de su imperio en 1833
3. Agricultores afrikaners fronterizos que resistieron al gobierno colonial británico
4. Grupo hablante del bantú que conquistó a sus vecinos en los primeros años de los 1800s
5. Establecieron un puesto comercial en el puerto natural de Ciudad del Cabo
6. Se trasladaron a las planicies del norte y chocaron con los zulu en relación con la propiedad de la tierra
7. Derrotaron a los boers después de una guerra de tres años
8. Controlaron el Transvaal, una área donde se descubrió oro
9. Fundaron grandes haciendas o fincas con el trabajo de esclavos a lo largo del río Zambeze
10. Esclavizaron y comerciaron con africanos y con malayos del sur de Asia
11. Conquistaron a los zulus después de una serie de batallas
12. Las colonias de Mozambique y Angola fueron los mercados principales de esclavos en África
13. Sus territorios fueron anexados a la colonia británica de Sudáfrica
14. Colonizaron Botswana y lo que hoy es Zimbabwe

Portugueses	Británicos	Holandeses	Boers	Zulus

Comprender ideas • Responde las preguntas en los espacios correspondientes.

1. ¿En qué es diferente la historia antigua de Madagascar de la del resto de África del Sur? ________

____

2. ¿De qué manera afectó el monzón la historia de África del Sur? ________

____

3. ¿Quiénes son los afrikaners? ________________

4. ¿Qué es el afrikaans? ________________

Nombre ______________________ Grupo ______________ Fecha ______________

África del Sur

SECCIÓN 3

Vocabulario • Palabras que debes comprender:

- racismo (548): discriminación basada en la creencia de que una raza es superior a las otras
- tendencia (548): inclinación general
- conjuntos (548): grupos de cosas semejantes
- resistencia (549): rebelión; protesta; objeción
- aislado (549): apartado, separado; ubicado solo

Revisar hechos • Encierra la letra de la mejor opción en cada caso.

1. La región industrial más grande de África es
- **a.** Windhoek.
- **b.** Harare.
- **c.** Witwatersrand.
- **d.** Maputo.

2. Las fuentes de energía de Sudáfrica incluyen
- **a.** la energía solar y eólica.
- **b.** la energía geotérmica y nuclear.
- **c.** el gas natural y el petróleo.
- **d.** la energía hidroeléctrica y el carbón.

3. ¿Qué son los municipios?
- **a.** áreas separadas donde viven los negros
- **b.** grandes pueblos mineros en Sudáfrica
- **c.** áreas donde trabajan los personas de color y los asiáticos
- **d.** haciendas y fincas alrededor de Johannesburgo

4. Las sanciones son
- **a.** leyes.
- **b.** penalizaciones.
- **c.** prácticas religiosas.
- **d.** recompensas.

5. Los puertos de Sudáfrica no incluyen a
- **a.** Puerto Elizabeth.
- **b.** Ciudad del Cabo.
- **c.** Durbán.
- **d.** Puerto Gaborone.

6. Nelson Mandela
- **a.** fue forzado a dejar Sudáfrica.
- **b.** nunca tuvo el derecho de votar o de tener propiedades.
- **c.** fue encarcelado, liberado y electo presidente de Sudáfrica.
- **d.** se hizo rey y comandante militar.

Describir una cultura • Describe la cultura actual de Sudáfrica en los siguientes renglones.

____

____

____

____

____

Organizar información • Completa la tabla siguiente describiendo varios aspectos del apartheid.

Definición del apartheid	
Grupos establecidos por el apartheid	
Trato a los no blancos en el apartheid	
Reacciones de grupos y países respecto al apartheid	
Razones para terminar con el apartheid	
Efectos duraderos del apartheid	

Nombre ______________________ Grupo ______________ Fecha ______________

África del Sur

SECCIÓN 4

Vocabulario • Palabras que debes comprender:

- pastitas o galletitas (552): productos horneados, dulces, para satisfacer un antojo, como los roles dulces
- principal (552): fundamental; primero
- hienas (553): animales carnívoros semejantes a los lobos, que tienen piernas traseras cortas y melena erizada, y que aúlla al llorar
- epidémico (553): contagio rápido de una enfermedad grave y contagiosa
- tuberculosis (553): enfermedad infecciosa caracterizada por una tos seca
- almendras (554): nueces con forma de riñón de un árbol tropical, de hojas perennes
- salsa *peri-peri* (554): salsa de chiles picantes

Identificar países • Relaciona cada descripción con la ciudad correcta de la derecha. Escribe la letra de la respuesta correcta en el espacio correspondiente.

______ **1.** Capital y puerto de Mozambique

______ **2.** Capital de Zimbabwe

______ **3.** Puerto de Mozambique que no es su capital

______ **4.** Capital de Namibia, localizada en las tierras altas y frías del centro del país

______ **5.** Capital de Rodesia del Sur

______ **6.** Capital de Botswana

a. Harare

b. Windhoek

c. Beira

d. Maputo

e. Gaborone

f. Salisbury

Revisar hechos • Encierra la palabra o la frase en negritas que completa *mejor* cada afirmación.

1. El idioma oficial de Mozambique es el **portugués** / **bantú**.

2. **Zimbabwe** / **Botswana** tiene la tradición de hermosas esculturas de piedra.

3. Casi la mitad de las personas en **Mozambique** / **Madagascar** siguen las religiones tradicionales africanas.

4. La mayoría de los namibios son **musulmanes** / **cristianos**.

5. **Botswana** / **Namibia** es famosa por sus pastitas cremosas.

6. El francés y el **malgache** / **holandés** se hablan por todo Madagascar.

7. Las artesanías tradicionales de **Mozambique** / **Botswana** son cuentas hechas de conchas de ostras y canastas labradas.

8. El idioma oficial de Namibia es el **zulú** / **inglés**.

9. Las personas de Botswana producen coloridas alfombras de lana y **tapices** / **trajes**.

10. La cultura de Namibia está muy influida por **Alemania** / **Portugal**.

11. Los **san** / **tswana** conforman casi el 95 por ciento de la población de Botswana.

12. Las condimentadas salsas *peri-peri* son populares en **Mozambique** / **Zimbabwe**.

Clasificar países • Completa la tabla siguiente escribiendo el número de cada descripción abajo del país correcto.

1. Ha luchado por distribuir su riqueza equitativamente desde su independencia en 1980
2. Es un país sin salida al mar, grande y semiárido
3. Su economía fue dañada seriamente por una guerra civil.
4. Recibe ingresos por explotar plomo, cobre, diamantes, zinc y uranio
5. Antigua colonia francesa gobernada por un dictador hasta los primeros años de la década de 1990
6. Su río más grande, el Okavango, corre de Angola hacia una enorme cuenca llena de vida silvestre.
7. En las plantaciones se cultivan anacardos, algodón, azúcar y té.
8. Era conocida como Rodesia del Sur
9. La pesca en el océano Atlántico y la cría de ovejas son importantes para la economía.
10. Los conflictos étnicos entre los shona y los ndebele son un continuo problema.
11. La minería y la cría de ganado son las actividades económicas principales.
12. Es la casa de muchos animales que no se encuentran en ninguna otra parte de la Tierra

Namibia	Botswana	Zimbabwe	Mozambique	Madagascar

Nombre ______________________ Grupo ______________ Fecha ______________

China, Mongolia y Taiwán

SECCIÓN 1

Vocabulario • Palabras que debes comprender:

- desfiladero (574): que tiene una pendiente con una abrupta inclinación
- loes (575): suelo fértil, de color amarillento y pardusco, de grano fino
- cieno (575): partículas diminutas de tierra que se acumulan en el fondo de los ríos
- concreto (575): mezcla de grava, arena, cemento y agua, que al secarse se convierte en un material de construcción muy duro
- tungsteno (576): elemento químico metálico gris azuloso, pesado y duro, que se emplea en la fabricación de acero y otros productos

Comprender ideas • Completa cada oración con la palabra, frase o lugar que complete correctamente cada oración.

1. La mayor parte de Mongolia está cubierta por la Meseta ______________.

2. La parte central de la cuenca del Tarim abarca el desierto de ______________, y la cavidad de ______________ se encuentra en la esquina noreste de la cuenca.

3. La ______________ de China es la llanura más grande del país, la cruzan los principales ríos y es la casa de millones de personas.

4. Los ______________ son la cadena montañosa más alta del mundo.

5. Después de correr hacia el este por la Planicie del Norte de China, el río ______________ desemboca en el mar Amarillo.

6. Entre los montes Kunlun y los Himalaya está la enorme meseta del

______________.

7. El desierto de ______________ es el desierto más frío de la Tierra y cubre más de 500,000 millas cuadradas.

8. El monte ______________ es la montaña más alta de la Tierra.

9. Los montes Kunlun, ______________, y las ______________ son cadenas montañosas localizadas al norte de los Himalaya.

10. En un intento de controlar las inundaciones del río Huang He, los chinos han construido

______________.

11. El río más largo de China y Asia es el ______________.

12. Los montes del ______________ están en la frontera este de Mongolia con China.

13. Los ríos Chang y Huang He están conectados por el ______________________, que el sistema de canales más antiguo y más largo del mundo.

14. El río y ruta de transportación más importante del sur de China es el

______________________.

Identificar climas • Relaciona cada localidad con la característica climática correcta de la derecha. Escribe la letra de la respuesta correcta en el espacio correspondiente.

______ **1.** Extremo noroeste de Asia

______ **2.** Taiwán y áreas costeras de China

______ **3.** Asia Central

______ **4.** Asia Oriental

a. Origen de los vientos monzónicos

b. Intensas lluvias y tifones durante el verano y el otoño

c. Puro desierto

d. Veranos calientes y lluviosos

Revisar hechos • En cada caso, encierra la letra de la *mejor* opción.

1. ¿ Cuál de los siguientes países tiene las más grandes reservas de carbón que cualquier otro país?
- **a.** Taiwán
- **b.** Japón
- **c.** China
- **d.** Mongolia

2. China produce suficiente cantidad de
- **a.** libros para la población mundial.
- **b.** autos para toda Asia.
- **c.** lana para vestir a toda su población.
- **d.** petróleo para la mayor parte de sus necesidades.

3. El recurso más importante de Taiwán
- **a.** son sus depósitos de tungsteno.
- **b.** es su tierra cultivable.
- **c.** es el gas natural.
- **d.** es el oro.

4. Entre los recursos minerales de Mongolia están todos los siguientes excepto
- **a.** la plata.
- **b.** el cobre.
- **c.** el petróleo.
- **d.** el mineral de hierro.

Nombre ______________________ Grupo ______________ Fecha ______________

China, Mongolia y Taiwán

Sección 2

Vocabulario • Palabras que debes comprender:

- cultivado (577): sembrado, como los cultivos
- cáñamo (577): hierba asiática que crece de una fibra fuerte dentro del tallo
- capullos (577): envoltura que ciertas larvas de insectos se enrollan alrededor de sí mismas para protegerse
- abdicar (579): dejar el poder
- trasladar (580): moverse a otro lugar
- hambruna (580): escasez de comida durante un periodo largo de tiempo, que provoca que algunas personas mueran de hambre

Clasificar dinastías • Completa la tabla siguiente escribiendo el número de cada descripción abajo de la dinastía correcta.

1. Controló China con los manchú por más de 260 años
2. Sus emperadores cerraron China a los extranjeros.
3. Empezó la construcción de la Gran Muralla a lo largo de la frontera norte
4. Extendió la Gran Muralla hacia el oeste para proteger el Camino de la Seda
5. Fortaleció la Gran Muralla y se centró en su propia cultura sin la influencia de otros países
6. Inventó la brújula
7. Expandió su reino hacia el exterior de los 200s a.C. a los 200 d.C.
8. Su primer emperador fue enterrado con miles de guerreros y caballos de arcilla de tamaño real.
9. Origen del sistema y del nombre de la escritura china
10. Su gobierno fue derrocado a principios de los 1900s.

Dinastía Qin	Dinastía Han	Dinastía Ming	Dinastía Qing

Identificar líderes • Escribe la abreviatura del líder político o religioso correcto en el espacio de la izquierda. Escoge tus respuestas de la siguiente lista. Algunas de ellas pueden usarse más de una vez.

GK: Genghis Khan	**SY:** Sun Yat-sen	**CK:** Chiang Kai-shek
CC: Confucio	**SG:** Siddhartha Gautama	**MZ:** Mao Tsé-Tung

_______ **1.** Unió China bajo un gobierno nacionalista

_______ **2.** Creó un gobierno que mantuvo el control bajo la ley marcial

_______ **3.** Formó la primera República de China

_______ **4.** Encabezó un gobierno que privatizó la tierra y las fábricas

_______ **5.** Dirigió los temibles ejércitos mongoles que conquistaron China

_______ **6.** Prohibió el culto religioso y restringió a las parejas para que tuvieran sólo un hijo por familia

_______ **7.** Filósofo cuyas enseñanzas, como las del taoísmo, recalcó los valores de la familia

_______ **8.** Encabezó un grupo revolucionario que obligó al último emperador a abdicar

_______ **9.** Obtuvo la iluminación mientras estaba sentado en un árbol de bodhi o bo

_______ **10.** Pensaba que el poder del estado debería emplearse para mejorar las vidas de las personas

_______ **11.** Se opuso a los comunistas

_______ **12.** Empezó la Revolución Cultural y formó a las guardias rojas

Revisar hechos • Encierra la palabra o la frase en negritas que completa *mejor* cada afirmación.

1. El estilo culinario sichuan es del **norte** / **sur** de China y emplea salsas picantes.
2. La medicina china subraya la importancia de los remedios de hierbas, la armonía y **las dietas** / **la acupuntura**.
3. La cultura china valora grandemente **la educación** / **los deportes**.
4. El gobierno chino controla el sistema telefónico y **la prensa** / **la arquitectura**.
5. El chino **mandarín** / **han** es el idioma oficial y más común en China.
6. La comida **pekinesa** / **cantonesa** fue llevada a Estados Unidos por los chinos inmigrantes de Guangzhou.
7. Las artes escénicas chinas se centran en **cuentos** / **religiones** tradicionales.
8. Casi el 92 por ciento de la población de China se considera a sí misma chinos **sichuan** / **han**.

Nombre ______________________________ Grupo ________________ Fecha ________________

China, Mongolia y Taiwán

SECCIÓN 3

Vocabulario • Palabras que debes comprender:

- distribuido (584): esparcido; disperso
- aspecto (585): silueta que se ve contra el cielo de los edificios de una ciudad
- salario (586): pago que se recibe por un trabajo
- empresa libre (586): sistema económico bajo el cual las industrias privadas trabajan libremente con un control mínimo por parte del gobierno
- intensivamente (586): completamente; exhaustivamente; ampliamente
- satélite (587): objetos hechos por los humanos que se ponen en la órbita de la Tierra mediante cohetes

Comprender ideas • Indica si cada oración es verdadera o falsa escribiendo *V* o *F* en el espacio.

______ **1.** Según los estándares mundiales, China es relativamente un país pobre.

______ **2.** China tiene estrictos controles sobre la contaminación que han mejorado la calidad del aire.

______ **3.** La economía de China se ha debilitado durante la década pasada.

______ **4.** El gobierno de Estados Unidos da ventajas comerciales especiales a los países que tienen el estatus de naciones más favorecidas.

______ **5.** El historial de China de reformas políticas no ha afectado las relaciones económicas con otros países.

______ **6.** China tiene más habitantes que cualquier otro país del mundo.

______ **7.** El gobierno de China desea que las nuevas libertades económicas correspondan a las reformas políticas.

______ **8.** La mitad occidental de China casi no está poblada.

______ **9.** La llanura del norte de China tiene más habitantes que todo Estados Unidos.

______ **10.** La población de China sigue disminuyendo debido a las restricciones en relación con el número de niños que una familia puede tener.

______ **11.** Pocos chinos viven en el campo.

______ **12.** La población china no está distribuida de manera uniforme en todo el país.

Identificar ciudades • En cada espacio, escribe la ciudad identificada para cada descripción. Elige las respuestas de la lista siguiente. Puedes usar las respuesta más de una vez.

Beijing	Nanjing	Hong Kong	Chongqing
Shangai	Guangzhou	Macao	

_______________ **1.** Uno de los lugares más poblados del mundo

_______________ **2.** El último territorio extranjero en China desde 1999

_______________ **3.** La ciudad más grande del sur de China, localizado en la desembocadura del río Xi

_______________ **4.** Se localiza en la cuenca del Sichuan

_______________ **5.** Puerto que formaba parte de la colonia portuguesa

_______________ **6.** Centros industriales en torno a minas de hierro y minas de carbón

_______________ **7.** Contiene la "Ciudad prohibida"

_______________ **8.** Importante puerto marítimo y centro bancario y de comercio internacional

_______________ **9.** La ciudad más grande de China, junto al delta del Chang

_______________ **10.** La ciudad más grande del norte de China, famosa por su cultura

_______________ **11.** Antigua colonia británica que actualmente es una región administrativa

_______________ **12.** Capital de China, también llamada Pekín

Comprender una economía • Responde las siguientes preguntas en los espacios correspondientes.

1. ¿Qué es una economía autoritaria? _______________

____

2. ¿Por qué es importante la agricultura para la economía de China? _______________

____

3. ¿Qué es el cultivo múltiple? _______________

____

4. ¿Por qué el sur de China es más próspero que el norte? _______________

____

5. ¿Qué cambios hubo en la economía de China con la llegada de los comunistas al poder?

____

Nombre ______________________ Grupo ______________ Fecha ______________

China, Mongolia y Taiwan

SECCIÓN 4

Vocabulario • Palabras que debes comprender:

- adora (500): valora, respeta, aprecia
- fieltro (589): tejido grueso de una mezcla comprimida de lana y algodón u otras fibras
- guerreros (590): combatientes
- tratado (590) acuerdo oficial entre países

Ordenar sucesos en secuencia • Numera los siguientes sucesos de la historia de Mongolia en el orden en que ocurrieron.

______ **1.** Mongolia, con el apoyo de los rusos, declara su independencia.

______ **2.** Los comunistas establecieron la República Popular Mongola.

______ **3.** Los mongoles comenzaron a construir una democracia y una economía de libre mercado.

______ **4.** Mongolia cayó bajo el dominio de China.

______ **5.** El imperio mongol llegó a su cima.

______ **6.** La Unión Soviética cayó y dejó de ayudar a Mongolia.

Ordenar sucesos en secuencia • Escribe el número de cada suceso arriba del periodo correcto de la historia de Taiwán.

1. Un tratado entre japoneses y chinos otorga Taiwán a Japón.

2. Invasores de la tierra continental de China condujeron a los europeos fuera de Taiwán.

3. Chiang Kai-shek escapó a Taiwán.

4. Los chinos comenzaron a establecerse en Taiwán.

5. Marineros portugueses llamaron a Taiwán *Ilha Formosa*, “isla hermosa”.

6. Los japoneses tomaron el control del este de Taiwán.

Los 500 d.C. | los 1100s | de los 1500s | mediados de los 1600s | 1895 | 1949

Identificar países • Por cada inciso, marca el cuadro del país correcto.

	Mongolia	Taiwán
1. Kao-hsiung y Taipei, la capital, son las ciudades más grandes	❑	❑
2. Muchas personas construyen sus casas en *gers*	❑	❑
3. Está poblado por descendientes de inmigrantes chinos	❑	❑
4. Los niños aprenden a montar a caballo a una edad muy temprana	❑	❑
5. Es un poco más grande que el estado de Alaska	❑	❑
6. Algunos estilos de edificios y alimentos reflejan la influencia japonesa	❑	❑
7. Su capital y centro industrial es Ulan Batar	❑	❑
8. Su población es de aproximadamente 2.5 millones de habitantes	❑	❑
9. Nación moderna e industrial con una población de casi 22 millones de habitantes	❑	❑
10. Muchas personas tienen una vida nómada	❑	❑
11. Líder mundial en la producción y exportación de computadoras	❑	❑
12. Ninguna ciudad tiene una población mayor de 100,000 habitantes	❑	❑
13. China la declara como provincia suya	❑	❑
14. Sólo el 10 por ciento de la población vive de la agricultura	❑	❑
15. Colinda con China al sur y con Rusia al norte	❑	❑
16. La mayoría de las personas habitan en la planicie de la costa oeste	❑	❑
17. Los agricultores cultivan caña de azúcar, frutas, té y verduras	❑	❑
18. Aproximadamente un cuarto de la población vive en la capital	❑	❑
19. Está situada en la costa sudeste de la tierra continental de China	❑	❑
20. El arroz es el principal cultivo para alimento del país	❑	❑

Nombre ______________________ Grupo ______________ Fecha ______________

Japón y las Coreas

SECCIÓN 1

Vocabulario • Palabras que debes comprender:

- extiende (596): prolonga
- habitado (596): ocupado por personas
- zona de subducción (596): área en la que una placa tectónica se desliza debajo de otra
- fracturas (597): ruptura; rompimiento
- poco frecuente (597): que ocurre rara vez

Identificar lugares • Identifica cada afirmación como una descripción de la península de Corea, de Corea del Norte o de Japón.

______________ **1.** Este lugar se extiende hacia el sur unas 600 millas del continente de Asia.

______________ **2.** Este lugar está separado de la parte continental eurasiática por el mar de Japón.

______________ **3.** Este lugar es casi del tamaño de Utah.

______________ **4.** Este lugar está separado de Japón por el angosto estrecho de Corea.

______________ **5.** Este lugar está separado de China por los ríos Yalu y Tumen.

______________ **6.** Este lugar está conformado por cuatro grandes islas llamadas islas territoriales y más de 3,000 islas más pequeñas.

______________ **7.** Cerca del 75 por ciento de este lugar está cubierto por montañas.

______________ **8.** Este lugar tiene materias primas como el mineral de hierro, el zinc, el plomo, el carbón y el cobre.

Comprender ideas • Escribe en el espacio la palabra, frase o lugar que completa correctamente cada oración.

1. Corea del Norte está separada de ______________ por los ríos Yalu y Tumen.

2. La península de Corea está dividida en dos países: ______________ y ______________.

3. Hay más de ______________ islas en las costas de la península de Corea.

4. Ningún lugar en ____________________ está a más de 90 millas del mar.

5. Las cuatro grandes islas de Japón son ____________________, ____________________, ____________________, y ____________________.

6. Al sur de las cuatro grandes islas del Japón están las islas ____________________, de las cuales Okinawa es la más grande.

7. La mayor parte de las montañas de Japón se formaron por ____________________.

8. La cadena montañosa más larga de Japón se llama ____________________.

Reconocer causa y efecto • En cada caso, identifica si se trata de la causa o el efecto.

	Causa		Efecto
1.	______________________________	**provocan**	los tsunamis.
2.	______________________________	**por lo tanto**	Korea no tiene volcanes activos.
3.	______________________________	**provoca**	inviernos largos y fríos.
4.	El clima húmedo subtropical	**ocasiona**	____________________.

Organizar ideas • Escribe tus respuestas en los espacios.

1. Explica por qué los terremotos ocurren con frecuencia en Japón. ____________________

____

____

____

2. ¿Qué características físicas de la península de Corea la hacen adecuada para producir energía hidroeléctrica? ____________________

____

____

____

Nombre ______________________ Grupo ______________ Fecha ______________

Japón y las Coreas

SECCIÓN 2

Vocabulario • Palabras que debes comprender:

- habitantes (599): personas que viven en un lugar en particular
- socavar (600): quitar, llevarse de; dañar
- mostrar (601): exponer; hacer visible
- aliado (601): quien está asociado con otro como ayudante; amigo

Revisar hechos • En cada caso, encierra la letra de la *mejor* opción.

1. Hace miles de años, los primeros habitantes de Japón llegaron de
   a. Asia Central. **c.** Perú.
   b. Europa. **d.** África.

2. La más antigua religión conocida de Japón fue el
   a. cristianismo.
   b. budismo.
   c. shintoísmo.
   d. confucianismo.

3. Los chamanes eran
   a. guerreros japoneses.
   b. sacerdotes japoneses.
   c. líderes militares japoneses.
   d. invasores japoneses.

4. El término *shogun* significa gran
   a. sacerdote. **c.** rey.
   b. general. **d.** explorador.

5. Los primeros europeos en llegar a Japón fueron
   a. franceses.
   b. holandeses.
   c. portugueses.
   d. españoles.

6. En 1910 Japón se anexó a
   a. Corea.
   b. Alemania.
   c. Pearl Harbor.
   d. la bahía de Tokio.

Organizar ideas • Escribe tus respuestas en los espacios.

1. Explica cómo Japón se convirtió en una potencia imperial. ______________________

____

____

____

2. ¿Que papel desempeñó Japón durante la Segunda Guerra Mundial? ______________________

____

____

____

Identificar términos • Relaciona cada descripción de la izquierda con el término correcto de la derecha. Escribe la letra de la respuesta correcta en el espacio correspondiente.

_____ **1.** Religión que está basada en los espíritus de los lugares naturales, los animales sagrados y los antepasados

_____ **2.** Sacerdotes que dieron a conocer los deseos *kami.*

_____ **3.** Guerreros japoneses

_____ **4.** Espíritus de los lugares naturales, animales sagrados y antepasados

_____ **5.** Personas que ostentan el mayor rango guerrero

_____ **6.** Tener control de

_____ **7.** Legislatura electa de Japón

a. samurai

b. shoguns

c. shintoísmo

d. *kami*

e. anexar

f. shamans

g. asamblea legislativa

Ordenar sucesos en secuencia • Numera los siguientes sucesos en el orden en que ocurrieron.

_____ **1.** El cultivo del arroz es introducido a Japón de China y Corea.

_____ **2.** Japón se convierte en aliado de Alemania e Italia durante la Segunda Guerra Mundial.

_____ **3.** Los europeos son obligados a abandonar Japón.

_____ **4.** Japón empieza su industrialización y modernización.

_____ **5.** Japón empieza a construir un imperio a modo de obtener los recursos necesarios.

_____ **6.** Japón establece una gobierno democrático.

_____ **7.** Estados Unidos entra a la Segunda Guerra Mundial después de que Japón ataca Pearl Harbor.

_____ **8.** Los comerciantes portugueses llegan a Japón.

_____ **9.** Japón se apodera de Corea.

_____ **10.** Los primeros habitantes de Japón vienen del Asia Central.

_____ **11.** El comandante estadounidense Matthew Perry llega con sus barcos de guerra a la bahía de Tokio.

_____ **12.** Japón empieza a desarrollar un sistema político propio.

Nombre ______________ Grupo ______________ Fecha ______________

Japón y las Coreas

SECCIÓN 3

Vocabulario • Palabras que debes comprender:

- angosto (602): de poco ancho
- artificial (602): hecho por el ser humano; que no ocurre naturalmente
- escaso (604): no abundante; raro
- viajar (603): moverse de ida y vuelta desde un lugar
- homogéneo (604): de la misma o de semejante clase
- dedicada (604): con un sentido de responsabilidad

Comprender ideas • Responde las preguntas en los espacios correspondientes.

1. ¿Dónde vive la mayoría de las familias japonesas? ______________
2. ¿Qué tipo de ropa usan los japoneses en muchas ocasiones? ______________
3. ¿Por qué hay habitaciones en las casas japonesas que se usan para más de un propósito?
____
4. ¿Por qué Japón tiene que importar las materias primas necesarias para que trabaje su industria?
____
5. ¿En qué isla se puede encontrar la mayoría de las granjas de Japón? ______________

Revisar hechos • Encierra la palabra o frase en negritas que completa *mejor* cada oración.

1. Japón es uno de los países **menos** / **más** densamente poblados del mundo.
2. **Sólo cerca del 11 por ciento** / **Cerca del 100 por ciento** de la tierra de Japón es adecuada para la agricultura.
3. Japón tiene **pocos** / **muchos** recursos.
4. **Más del 99** / **Menos del 50** por ciento de la población japonesa es étnicamente japonesa.
5. La mayoría de los japoneses duermen en colchones ligeros de algodón llamados **futones** / **kimonos**.
6. La energía nuclear provee **cerca de un tercio de** / **toda** la energía de Japón.
7. **La industria automotriz** / **La industria pesquera** de Japón es la más grande del mundo.
8. La granja promedio en Japón es **más chica** / **más grande** que en Estados Unidos.

Identificar lugares • **En cada espacio, escribe el lugar que corresponda a la descripción. Elige las respuestas de la siguiente lista. Algunos lugares pueden emplearse más de una vez.**

Kobe   Tokio   Kyoto
región de Kansai   Osaka

__________ **1.** Este lugar sirve a Japón de capital y es el centro de gobierno.

__________ **2.** Este lugar es la segunda megalópolis de Japón.

__________ **3.** Este lugar ha sido un centro de comercio por siglos.

__________ **4.** Este lugar fue la capital de Japón por más de 1000 años.

__________ **5.** Este lugar alberga el distrito comercial de Ginza.

__________ **6.** Este lugar en un importante puerto japonés.

Identificar términos • **Relaciona cada descripción con el término correcto de la derecha. Escribe la letra de la respuesta correcta en el espacio correspondiente**

_____ **1.** Comida que se cultiva en todo pedazo de tierra adecuada

_____ **2.** Término que significa "espacio para desarrollar cultivos"

_____ **3.** Bata tradicional japonesa

_____ **4.** Enorme zona urbana que con frecuencia abarca más de una ciudad, además de sus alrededores de zonas suburbanas

_____ **5.** El uso de barreras comerciales para proteger las industrias de un país de la competencia extranjera

_____ **6.** Situación en la que un país exporta más de lo que importa

_____ **7.** Creencia de que el trabajo en sí mismo vale la pena

_____ **8.** Cortar una ladera en una serie de parcelas pequeñas y planas

a. cultivable
b. megalópolis
c. kimono
d. ética del trabajo
e. cultivo intensivo
f. proteccionismo
g. terrazas
h. excedente comercial

Nombre ______________________ Grupo ______________ Fecha ______________

Japón y las Coreas

SECCIÓN 4

Vocabulario • Palabras que debes comprender:

- tradiciones (607): formas establecidas de hacer cosas
- venerado (607): que tiene un significado religioso; mantenido con la más alta consideración, estima y respeto
- artesanos (608): personas que se dedican a un oficio manual
- perseguido (608): obligado a sufrir por las creencias que sostiene
- supervisar (609): vigilar
- unificar (609): juntar otra vez
- tregua (609): acuerdo de detener las hostilidades

Clasificar ideas • Completa la tabla siguiente escribiendo el número de cada oración abajo del encabezado correcto.

1. Corea es conocida como el Reino Eremita.

2. Corea adopta el cultivo del arroz.

3. China cierra Corea a casi todos los extranjeros.

4. Corea del Norte es conocida como la República Democrática de Corea.

5. Japón derrota a China en la guerra sino-japonesa.

6. Los chinos introducen en Corea su sistema de escritura y sus tradiciones religiosas.

7. Corea del Norte invade a Corea del Sur, desatando la Guerra de Corea.

8. Corea entra a su época dorada.

Corea antigua	Corea en la época moderna	Corea desde la Segunda Guerra Mundial

Revisar hechos • En cada caso, encierra la letra de la *mejor* opción.

1. Los primeros habitantes de Corea fueron
  a. guerreros del sur de Asia.
  b. cazadores nómadas de Asia del Norte y Central.
  c. agricultores del Sudeste de Asia.
  d. invasores de América del Norte.

2. La guerra de Corea se peleó de
  a. 1941 a 1945.
  b. 1950 a 1953.
  c. 1954 a 1975.
  d. 1898 a 1900.

3. Durante la época dorada de Corea,
  a. Corea fue bien conocida por su arquitectura, pintura, cerámica y joyería fina.
  b. los coreanos conquistaron buena parte de Asia.
  c. los colonizadores coreanos se establecieron en gran parte de la región del Pacífico.
  d. los coreanos exploraron partes del oeste de América del Norte y América del Sur.

4. El alfabeto *hangul*
  a. contenía miles de caracteres chinos.
  b. era similar al alfabeto inglés.
  c. tenía sólo 24 símbolos.
  d. es usado por toda Asia en la actualidad.

5. Durante el periodo del Reino Ermita
  a. los coreanos abrieron su país a las personas de todo el mundo.
  b. los coreanos conquistaron la mayor parte de China.
  c. Corea se cerró a otras naciones excepto a China.
  d. los coreanos se libraron del gobierno chino.

6. La religión original de Corea
  a. reconoce la existencia de un solo dios.
  b. reconoce la existencia de los espíritus de los antepasados y de los lugares naturales.
  c. no es importante en la actualidad.
  d. nunca fue muy popular.

Distinguir un hecho de una opinión • En cada espacio, escribe *H* si la oración es un hecho y *O* si es una opinión.

______ **1.** En los 600s d.C. el reino de Silla unificó la península de Corea.

______ **2.** El alfabeto *hangul*, junto con el uso de tipos móviles, ayudó a muchos coreanos a aprender a leer y a escribir

______ **3.** Los japoneses debieron haber permitido a los coreanos mantener sus nombres coreanos.

______ **4.** Los soviéticos nunca debieron haber ayudado a los líderes comunistas a tomar el poder de Corea del Norte.

______ **5.** La guerra de Corea empezó cuando Corea del Norte invadió a Corea del Sur.

______ **6.** No hay buenas razones para que Corea del Norte y Corea del Sur se reunifiquen.

______ **7.** En 1948 Corea del Sur oficialmente se convirtió en la República de Corea.

______ **8.** Corea del Norte y Corea del Sur están divididas por una zona desmilitarizada.

Nombre ______________________ Grupo ______________ Fecha ______________

Japón y las Coreas

SECCIÓN 5

Vocabulario • Palabras que debes comprender:

- interior (610): parte interna
- agreste (612): áspero, escabroso; irregular; desigual
- hostilidad (613): mala voluntad; encono; odio
- obsoleto (613): antiguo; pasado de moda

Identificar ideas • Indica si cada oración es verdadera o falsa escribiendo *V* o *F* en el espacio.

_______ **1.** La capital y la ciudad más grande de Corea del Sur es Seúl.

_______ **2.** El rápido crecimiento de las ciudades de Corea del Sur ha ocasionado problemas como la escasez de vivienda y la contaminación.

_______ **3.** Las mujeres en Corea del Sur no tienen permiso de tener trabajos fuera de su casa.

_______ **4.** Casi el 100 por ciento de la tierra en Corea del Sur es cultivable.

_______ **5.** El partido comunista de Corea del Norte controla el gobierno.

_______ **6.** Corea del Norte tiene menos densidad de población que Corea del Sur.

_______ **7.** Corea del Norte es famosa por tener muchas universidades.

_______ **8.** Corea del Norte tiene dificultades para producir productos de buena calidad por su tecnología obsoleta.

Organizar ideas • Escribe tus respuestas en los espacios.

1. Compara y contrasta los gobiernos de Corea del Norte y Corea del Sur. ______________________

____

____

____

2. Explica por qué Corea del Norte es menos próspera que Corea del Sur. ______________________

____

____

____

Comprender ideas • Responde las preguntas en los espacios correspondientes.

1. ¿Por qué la población de Seúl aumentó después de la Guerra de Corea? ______

2. ¿Qué tipo de gobierno tiene Corea del Sur en la actualidad? ______

3. ¿Por qué las familias de Corea del Sur aún valoran el nacimiento de un hijo varón? ______

4. ¿Cuál es la religión más común en Corea del Sur? ______

5. ¿Qué es *chaebol*? ______

6. ¿Qué porcentaje de la tierra de Corea del Sur es cultivable? ______

7. ¿Cuántas personas en promedio viven por milla cuadrada en Corea del Norte? ______

8. ¿Cómo viaja la mayoría de las personas en Corea del Norte? ______

9. ¿Qué clase de economía tiene Corea del Norte? ______

10. ¿Qué son las cooperativas? ______

Nombre ______________________ Grupo ______________ Fecha ______________

El Sudeste Asiático

SECCIÓN 1

Vocabulario • Palabras que debes comprender:

- erupciones (618): repentinas explosiones de los volcanes con salida de lava
- estacional (619): que depende de una estación en particular
- monzón (619): viento estacional que sopla del sudoeste y trae intensas lluvias
- rinocerontes (619): mamíferos grandes, herbívoros, de piel gruesa, que tienen uno o dos cuernos en sus hocicos
- orangutanes (619): monos color rojizo café, peludos, de brazos largos que se encuentran en las selvas costeras

Revisar hechos • Encierra la letra de la *mejor* opción para cada oración.

1. El río más grande del Sudeste Asiático es
  a. el Chao Phyara.
  b. Irrawaddy.
  c. Mekong.
  d. Hong.

2. Las penínsulas del Sudeste Asiático son
  a. Nueva Guinea y la de Irian.
  b. Indochina y Malaya.
  c. Vientiane y la de Angkor.
  d. Singapur y la de Hanoi.

3. ¿Por qué las islas grandes del Sudeste Asiático sufren frecuentes terremotos y erupciones volcánicas?
  a. porque son parte del Anillo de Fuego
  b. porque están en un continente pequeño
  c. porque su suelo es arenoso e inestable
  d. porque el clima caliente forma magma

4. Los archipiélagos son
  a. áreas de colinas onduladas
  b. pequeños desiertos
  c. cadenas montañosas largas
  d. grandes grupos de islas

5. Los dos archipiélagos del Sudeste Asiático son
  a. Myanmar y el de Mekong
  b. Sumatra y el de Siam
  c. Malayo y las Filipinas
  d. Borneo y el de Java

6. La región continental más importante del Sudeste Asiático es
  a. el delta central.
  b. la continental.
  c. el punto más alto.
  d. el valle principal.

Reconocer causa y efecto • En cada espacio, describe el efecto provocado por cada suceso climático del Sudeste Asiático.

1. Los vientos monzónicos de verano **provocan** ______________________________

____

2. Los vientos monzónicos de invierno **provocan** ______________________________

____

3. Los tifones **provocan** ______________________________

____

Describir los bosques tropicales • Completa la tabla siguiente describiendo los bosques tropicales del Sudeste Asiático.

Plantas	
Animales	
Problemas	

Comprender ideas • En cada oración, encierra la letra de la *mejor* opción.

1. El cultivo más importante del Sudeste Asiático es:
a. el té. **b.** el maíz. **c.** el trigo. **d.** el arroz.

2. Las llanuras aluviales son áreas buenas para:
a. la agricultura. **b.** la minería. **c.** las fábricas. **d.** la vivienda.

3. El árbol de caucho es originario de:
a. América del Norte **b.** América del Sur. **c.** China. **d.** Francia.

4. Tailandia, Indonesia y Malasia producen:
a. caucho. **b.** café. **c.** plata. **d.** carbón.

5. Los suelos volcánicos del Sudeste Asiático son extremadamente:
a. secos. **b.** cálidos. **c.** fértiles. **d.** arenosos.

6. Entre los minerales del Sudeste Asiático están el mineral de hierro, petróleo y
a. oro. **b.** plomo. **c.** estaño. **d.** cobre.

El Sudeste Asiático

SECCIÓN 2

Vocabulario • Palabras que debes comprender:

- invadir (621): ocurrido con violencia y fuera de control
- fuerzas (621): soldados; tropas
- escapar (621): escapar rápidamente; correr rápida y apresuradamente
- encender (621): empezar; poner en funcionamiento; causar
- arrojado (622): movido de manera repentina, imprudente y rápida
- curry (623): platillo, como el estofado, que se prepara con una mezcla de especias

Comprender la cultura • Relaciona cada descripción con el término, frase o lugar correcto de la derecha. Escribe la letra de la respuesta correcta en el espacio correspondiente.

______ **1.** Mayoría de las personas en Myanmar

______ **2.** Religión más común en la parte continental del Sudeste Asiático

______ **3.** Se practica en las comunidades indias del Sudeste Asiático

______ **4.** País islámico más grande del mundo

______ **5.** Alimento más importante del Sudeste Asiático

______ **6.** Más del 75 por ciento de las personas que viven en Singapur

______ **7.** Se habla en una antigua colonia holandesa

______ **8.** Religión principal en las Filipinas

______ **9.** Han influido fuertemente en la comida del Sudeste Asiático

______ **10.** Religión principal en Brunei, Malasia e Indonesia

a. chinos y europeos
b. Bahasa Indonesia
c. hinduismo
d. arroz
e. birmanos
f. catolicismo romano
g. islamismo
h. chinos
i. Indonesia
j. budismo

Describir gobiernos • Proporciona una visión general de los gobiernos de los países del Sudeste Asiático en los renglones siguientes.

____

____

____

____

____

Organizar información • **Completa la tabla siguiente describiendo cada grupo o las acciones del país en el Sudeste Asiático antes de 1950.**

Khmer	
Europa	
Estados Unidos	

Ordenar sucesos en secuencia • **Numera los siguientes sucesos en el orden en el que ocurrieron.**

______ **1.** Los indonesios permitieron a Timor del Este votar por su independencia.

______ **2.** Vietnam invadió Camboya y provocó una guerra civil.

______ **3.** Más de un millón de personas murieron durante el gobierno comunista de Camboya.

______ **4.** El dominio europeo terminó en la mayor parte del Sudeste Asiático.

______ **5.** Los franceses otorgaron la independencia a Laos, Camboya y Vietnam después de una guerra larga y violenta.

______ **6.** Las guerras en Vietnam, Laos y Camboya terminaron con las victorias comunistas.

Nombre ______________________ Grupo ______________ Fecha ______________

Sudeste Asiático

SECCIÓN 3

Vocabulario • Palabras que debes comprender:

- aislada (624): distante; retirado
- contaminadas (624): que tiene una mezcla de humo y niebla
- recuperar (625): volver a ganar estabilidad y balance, regresar al estado saludable
- caucho o goma natural (626): material elástico que se produce por la savia seca de un árbol tropical

Clasificar países • Escribe la letra del país correcto a la izquierda de cada afirmación. Elige tus respuestas de la siguiente lista. Algunas respuestas pueden emplearse más de una vez.

C: Camboya **M:** Myanmar **V:** Vietnam **L:** Laos **T:** Tailandia

_____ **1.** Hay fábricas, petróleo, carbón y otros recursos en el norte

_____ **2.** Hay pocos teléfonos y televisores

_____ **3.** La ciudad más grande está conectada por *klongs.*

_____ **4.** Sus fábricas producen aparatos electrónicos y computadoras.

_____ **5.** Sólo unas cuantas ciudades tienen electricidad.

_____ **6.** Constituye la economía más fuerte entre los países de tierra firme

_____ **7.** Los deltas de los ríos Mekong y Hong son las zonas agrícolas principales.

_____ **8.** Antigua colonia británica que se independizó en 1948

_____ **9.** País pobre y sin salida al mar

_____ **10.** Su capital está ubicada en el río Mekong.

_____ **11.** Era conocido como Burma hasta 1989

_____ **12.** Sus recursos son el caucho natural, los pescados y mariscos, el arroz, los minerales y las piedras preciosas.

_____ **13.** El gobierno comunista está permitiendo una mayor libertad económica.

_____ **14.** El cobre, el aluminio, el hierro, la madera para construcción, el caucho y el petróleo son sus principales recursos.

_____ **15.** El arroz se cosecha dos veces al año en algunas áreas.

_____ **16.** La mayoría de los agricultores sólo cosechan la suficiente comida para ellos y sus familias.

Identificar capitales • Relaciona cada país de la izquierda con su capital correcta de la derecha. Escribe tus respuestas en el espacio.

______	**1.** Vietnam	**a.** Phnom Penh
______	**2.** Myanmar	**b.** Bangkok
______	**3.** Laos	**c.** Yangon (Rangún)
______	**4.** Camboya	**d.** Vientiane
______	**5.** Tailandia	**e.** Hanoi

Organizar ideas • Contesta las siguientes preguntas en los espacios correspondientes.

1. ¿Dónde vive la mayor parte de los pobladores de la tierra continental del Sudeste Asiático? ______

______

2. ¿Dónde se localiza la mayoría de las ciudades de tierra firme del Sudeste Asiático? ______

______

3. ¿Cuáles son las ciudades más grandes de tierra firme del Sudeste Asiático? ______

______

4. ¿Cuáles son las características de esas ciudades? ______

______

5. ¿Por qué están creciendo rápidamente las ciudades de la región? ______

______

6. ¿Cuál es la ciudad más grande del Sudeste Asiático? ______

______

7. ¿Dónde se localizan las dos ciudades más grandes de Vietnam? ______

______

8. ¿Dónde vive la mayoría de los agricultores de tierra firme del Sudeste Asiático? ______

______

Nombre ______________ Grupo ______________ Fecha ______________

El Sudeste Asiático

SECCIÓN 4

Vocabulario • Palabras que debes comprender:

- tradicional (628): que tiene costumbres, principios o actitudes establecidas desde hace mucho tiempo
- transportar (628): llevar de un lugar a otro
- eclipsar (630): que oscurece o se oculta por completo
- asfixiante (630): sofocador, sofocante
- aceite de palma (630): aceite parcialmente sólido hecho de la fruta de las palmas; se emplea en la producción de velas, jabones y otros productos

Ordenar los sucesos en secuencia • Escribe el número de cada suceso arriba de la fecha correcta de la línea de tiempo.

1. Singapur se separó de Malasia.
2. Las economías de los países de las islas descendieron después de un periodo de rápido crecimiento.
3. Los filipinos se independizaron de Estados Unidos.
4. Brunei se independizó.
5. Las Indias Orientales Holandesas se convirtieron en Indonesia.
6. Gran Bretaña concedió su independencia a Malasia.

1946 — 1949 — 1963 — 1965 — 1984 — 1990s

Clasificar países • Completa la tabla siguiente escribiendo el número de cada descripción abajo del país correcto.

Brunei	Indonesia	Malasia	Filipinas	Singapur

1. Se conocía como la Isla de las Especias debido a sus especias valiosas.
2. En gran parte es un país agrícola y pobre
3. País más desarrollado económicamente del Sudeste Asiático
4. Produce aparatos electrónicos, caucho natural, automóviles, petróleo y madera para construcción

5. Dirigido por un sultán o máximo dirigente de un país musulmán.

6. Su capital tiene dos de los edificios más grandes del mundo.

7. Tiene más de 17,000 islas

8. La isla de Bali es popular entre los turistas.

9. Líder productor de aceite de palma en el mundo

10. Sus recursos incluyen los bosques tropicales, la plata, el oro, el cobre y el petróleo.

11. Los bosques tropicales se están quemando debido a la agricultura.

12. Comparten la isla de Borneo con Malasia e Indonesia

13. Fundada por los británicos en la punta de la península Malaya en 1819

14. El gobierno está tratando de atraer compañías con alta tecnología.

15. El arroz, la caña de azúcar, el coco, el maíz y la fruta tropical son sus cultivos importantes.

Identificar ciudades • Escribe el nombre de la ciudad correcta a la izquierda de cada descripción. Escoge tus respuestas de la siguiente lista. Algunas respuestas pueden emplearse más de una vez.

Yakarta | Singapur | Manila | Kuala Lumpur

_______________ **1.** Esta ciudad es la capital de Filipinas.

_______________ **2.** Esta ciudad es el centro cultural, de negocios y de transporte de Malasia.

_______________ **3.** Esta ciudad es también un país.

_______________ **4.** Esta ciudad es la más grande de la región.

_______________ **5.** Esta ciudad impone altas multas por ensuciar.

_______________ **6.** Esta ciudad está rodeada de kampongs.

_______________ **7.** Esta ciudad es el centro industrial y marítimo en Luzón.

_______________ **8.** Esta ciudad es la capital de Malasia.

_______________ **9.** Esta ciudad es la más limpia y segura de la región.

_______________ **10.** Esta ciudad es la capital de Indonesia.

Nombre ______________ Grupo ______________ Fecha ______________

La India

SECCIÓN 1

Vocabulario • Palabras que debes comprender:

- ladera (652): vertiente; declive
- sagrado (652): santo; digno de adoración o culto
- durable (653): resistente; duradero

Clasificar accidentes geográficos regionales • Completa la tabla siguiente escribiendo el número de cada una de las oraciones abajo de la región del accidente geográfico correcto.

1. Se extiende a lo largo de la frontera norte de la India

2. Península triangular que está al sur de la planicie Gangética

3. La mayor parte de su área es una meseta

4. La cordillera de montañas más alta del mundo

5. Se extiende al sur de los Himalaya

6. Lugar donde vive casi toda la población de la India

7. Se creó cuando chocaron dos placas tectónicas

8. Ahí se encuentran cadenas de montñas bajas llamadas cordillera oriental y cordillera occidental

9. Tiene un clima de sabana tropical y de estepa

10. Se prolonga unas 1,500 millas a lo largo del norte de la India

11. Algunas áreas tienen climas severos de tierras altas con glaciares y nieve

12. Principalmente tiene un clima húmedo tropical

Los Himalaya	llanura Gangética	meseta del Decán

Describir un río • En cada espacio, describe el río Ganges.

1. Principio: ______________________________

2. Final: ______________________________

3. Nombre hindú: ______________________________

4. Efectos en la llanura Gangética: ______________________________

Revisar hechos • En cada caso, encierra la letra de la *mejor* opción.

1. La mayor parte de los habitantes de la India trabajan en
   a. la minería.
   b. la pesca.
   c. la agricultura.
   d. las fábricas.

2. Los monzones hacen todo lo siguiente excepto
   a. generar lluvias que afecten los cultivos de la India.
   b. provocar huracanes y mareas.
   c. llevar aire húmedo del océano Índico en el verano.
   d. traer aire seco del interior de Asia en el invierno.

3. Los bosques de la India contienen
   a. más plantas raras que en cualquier otro lado del planeta.
   b. una madera valiosa y dura llamada teca.
   c. una fruta tropical que se cosecha y se exporta.
   d. muchas ciudades y pueblos grandes.

4. El Ganges fluye hacia
   a. la península Arábiga.
   b. el océano Pacífico.
   c. el Brahmaputra.
   d. la bahía de Bengala.

5. La India exporta cultivos que incluyen a todos los siguientes excepto a
   a. al algodón.
   b. a la caña de azúcar.
   c. al té.
   d. a las papas.

6. El río Brahmaputra no
   a. corre hacia el norte por Pakistán.
   b. empieza en la meseta del Tíbet.
   c. se une en el delta del Ganges.
   d. corre por la esquina del noreste del a India.

7. El desierto de Thar cerca de la frontera con Pakistán tiene
   a. veranos cálidos e inviernos fríos.
   b. clima caliente y seco todo el año.
   c. lluvias estacionales del océano Pacífico.
   d. climas de estepa y húmedos continentales.

8. ¿Cuál de las siguientes oraciones es falsa?
   a. La India exporta piedras preciosas valiosas.
   b. La India tiene grandes depósitos de uranio.
   c. La India no tiene nada de carbón.
   d. La India no tiene suficiente petróleo.

Nombre ______________________ Grupo ______________ Fecha ______________

La India

SECCIÓN 2

Vocabulario • Palabras que debes comprender:

- eficiente (655): eficaz; de línea aerodinámica o moderno; productivo
- edad dorada(655): periodo de prosperidad, felicidad, paz y sabiduría
- índigo (658): tinte natural que se obtiene de unas plantas nativas de la India de la familia de las papilionáceas
- yute (658): fibra resistente y con brillo que se emplea para hacer cuerdas, arpillera, costales y otros productos
- borde (659): margen; cerca del punto de empezar a hacer algo

Identificar líderes • En cada espacio, escribe la abreviatura del líder correcto. Las respuestas pueden emplearse más de una vez.

A: Akbar **B:** Babur **G:** Gandhi

_______________ **1.** Reconquistó el norte de la India y después expandió su imperio hacia el Asia Central

_______________ **2.** Estuvo en huelga de hambre cuando fue encarcelado por los británicos

_______________ **3.** Le pidió a los hindúes que pacíficamente se negaran a cooperar con los británicos

_______________ **4.** Reunificó el Imperio Mogol

_______________ **5.** Su nombre significó "el Tigre"

_______________ **6.** Derrotó al último sultán de Delhi y conquistó la mayor parte del norte de la India

_______________ **7.** Exhortó a los hindúes para que boicotearan las mercancías británicas

_______________ **8.** Reorganizó al gobierno y el sistema de impuestos

_______________ **9.** Fundó el Imperio Mogol

_______________ **10.** Joven abogado que fue un líder importante en el movimiento de independencia de la India

_______________ **11.** Empezó una edad dorada en la arquitectura, la pintura y en la poesía

_______________ **12.** Su nieto construyó edificios y monumentos impresionantes

Reconocer causas • Identifica la causa de cada una de las siguientes acciones.

1. El gobierno británico abolió la Compañía Británica de las Indias Orientales del Té

porque ____.

2. Muchas personas murieron después de que los hindúes y los pakistaníes se independizaron

porque ____.

3. Los hindúes nacionalistas fundaron el Congreso Nacional Hindú

porque ____.

4. Los ejércitos cipayos se rebelaron

porque ____.

5. Gran Bretaña dividió su colonia hindú en dos países separados

porque ____.

6. Un reino musulmán fue nombrado el sultanato de Delhi

porque ____.

Revisar hechos • En cada espacio, escribe el grupo, imperio o reino que se menciona en la descripción. Elige tus respuestas de la lista siguiente. Las respuestas pueden usarse más de una vez.

Harappan	Sultanato de Delhi	Británico
Indoario	Imperio Mogol	Pakistaníes

______________________ **1.** Controlaron más de la mitad de la India a mediados de los 1800s.

______________________ **2.** Debilitado por las guerras en el Deccán y las revueltas en otras partes

______________________ **3.** Mayoría musulmana que obtuvo su propio país en 1947

______________________ **4.** Centro principal del arte, la cultura y la ciencia islámicos

______________________ **5.** Fue uno de los estados más poderosos del mundo

______________________ **6.** Formó su propia fuerza militar con cipayos

______________________ **7.** Construyeron grandes ciudades y desarrollaron un sistema de escritura

______________________ **8.** A él se debe el famoso Taj Mahal

______________________ **9.** Su lenguaje fue una forma primitiva del sánscrito

______________________ **10.** Fue reemplazado por el Imperio Mogol

______________________ **11.** Cambiaron la economía india para su beneficio

______________________ **12.** Volvieron al gobierno indio contra otros a cambio de su cooperación

Nombre ______________________ Grupo ______________ Fecha ______________

La India

SECCIÓN 3

Vocabulario • Palabras que debes comprender:

- preservador (660): protector; restaurador
- encuentros violentos (662): conflictos; desacuerdos
- cremar (663): quemar algo hasta que solo queden cenizas

Revisar hechos • Encierra la palabra en negritas que completa *mejor* cada oración.

1. El lenguaje oficial de la India es el **hindi / inglés.**
2. Tanto la India como Pakistán reclaman una región montañosa llamada **Cachemira / Ghates.**
3. Los integrantes de la casta inferior de la India son los **jainistas / dalits.**
4. La mayoría de los hindúes practican la **religión musulmana / hinduismo.**
5. La industria **fílmica / de tejido de canastos** es una de las industrias más grandes del mundo.
6. El islamismo y el cristianismo **se fundaron / no se fundaron** en la India.
7. Las (los) **castas / curries** son grupos de personas cuyo nacimiento determina su posición en la sociedad.
8. La India tiene un gobierno **socialista / democrático.**

Distinguir un hecho de una opinión • En cada espacio, escribe *H* si la afirmación es un hecho y *O* si es una opinión.

______ **1.** No es sorprendente que la economía de la India figure entre las de los 10 primeros países industriales del mundo.

______ **2.** Aunque la India tiene una clase media muy grande, la mayoría de los hindúes son pobres.

______ **3.** La mayoría de las granjas son muy pequeñas como para ser productivas.

______ **4.** El programa de la revolución verde no debió haber animado a los agricultores a emplear pesticidas.

______ **5.** Los cultivos principales de la India son el arroz, el algodón, el trigo, la caña de azúcar, el té y el yute.

______ **6.** Cerca del 65 por ciento de la fuerza de trabajo de la India son agricultores.

Identificar religiones • Por cada inciso de la izquierda, marca un cuadro de la religión correcta.

	Hinduismo	Budismo	Jainismo	Sikhismo
1. Combina elementos del islamismo y del hinduismo	❑	❑	❑	❑
2. Promete el nirvana si se siguen sus reglas	❑	❑	❑	❑
3. Por tradición los hombres se convierten en soldados	❑	❑	❑	❑
4. Enseña un respeto especial por las vacas	❑	❑	❑	❑
5. Fue fundada en la India	❑	❑	❑	❑
6. Los dioses y los seres vivos son parte de un solo espíritu	❑	❑	❑	❑
7. Enseña que todas las cosas de la naturaleza tienen almas	❑	❑	❑	❑
8. Una de las religiones principales y más antiguas del mundo	❑	❑	❑	❑
9. Fue fundada a fines de los 1400s	❑	❑	❑	❑
10. Muchos creyentes viven en el Punjab	❑	❑	❑	❑
11. Fue fundada por Siddhartha Gautama	❑	❑	❑	❑
12. Enseña la creencia en la reencarnación y el karma	❑	❑	❑	❑
13. Sus seguidores quieren formar un país independiente	❑	❑	❑	❑
14. No es practicada por muchos hindúes	❑	❑	❑	❑

Analizar una economía • Completa la tabla siguiente describiendo los elementos modernos y tradicionales de la economía de la India.

Tradicional	Moderno

Nombre ______________________ Grupo ______________ Fecha ______________

El Perímetro Indio

Sección 1

Vocabulario • Palabras que debes comprender:

- entrecruzar (670): moverse a través de diferentes lugares
- numerosos (670): muchos; abundantes
- unir (670): fundir; fusionar
- estéril (670): que no tiene o tiene muy poca vegetación; vacío
- huracanes (670): ciclones tropicales fuertes, que traen torrentes de lluvia y vientos violentos
- nivel del mar (671): la superficie del mar; específicamente, el nivel promedio entre la marea alta y baja

Identificar términos • Relaciona cada descripción con el término, la frase o el lugar correcto de la derecha. Escribe la letra de la respuesta correcta en el espacio.

_____ **1.** Tarai

_____ **2.** Existen grandes reservas en Pakistán

_____ **3.** Tormentas violentas que traen fuertes lluvias e intensos vientos

_____ **4.** Origen de los ciclones

_____ **5.** Recurso natural más importante de Bangladesh

_____ **6.** Enormes olas avivadas por intensos vientos

a. región agrícola

b. llanura plana en Nepal

c. bahía de Bengala

d. ciclones

e. gas natural

f. marea de tormenta

Describir climas • En cada espacio, describe el clima de cada región.

1. Bangladesh: ______________________________

____

2. Tierras bajas de Bhután y Nepal: ______________________________

____

3. Montañas de Bhután y Nepal: ______________________________

____

4. Mayor parte de Pakistán: ______________________________

____

Identificar países • En cada espacio, escribe el nombre del país identificado por cada descripción. Elige tus respuestas de la lista siguiente. Las respuestas pueden emplearse más de una vez.

Pakistán	Nepal	Sri Lanka
Bangladesh	Bhután	Las islas Maldivas

_____________ **1.** Diminuto país elevado en los Himalaya

_____________ **2.** Los Himalaya cubren casi el 75 por ciento de su territorio

_____________ **3.** El paso de Khyber proporciona un pasaje a través del Hindu Kush.

_____________ **4.** Consiste en su mayor parte de un delta ancho formado por los ríos Brahmaputra y Ganges

_____________ **5.** El río Indo divide al país en dos regiones diferentes

_____________ **6.** Tiene a la montaña más alta del mundo

_____________ **7.** Está entrecruzado por una red de 200 ríos y corrientes

_____________ **8.** Isla grande que se localiza justo en la punta sudeste de la India

_____________ **9.** Experimenta intensas lluvias monzónicas y frecuentes inundaciones

_____________ **10.** Grupo de unas 1,200 islas diminutas y tropicales en el océano Índico

_____________ **11.** La principal área agrícola del país es una llanura plana conocida como Tarai

_____________ **12.** Se localiza en la parte este de la planicie Indogangética

_____________ **13.** Ninguna de sus islas está a más de 6 pies sobre el nivel del mar

_____________ **14.** Contiene la cordillera Karakoram al oeste de los Himalaya

_____________ **15.** Las planicies cubren la mitad del norte y las áreas costeras.

_____________ **16.** El valle del Indo es la región agrícola y el área más densamente poblada.

_____________ **17.** Sólo unas 200 de sus islas están habitadas.

_____________ **18.** Una meseta en el oeste se une con las mesetas de Irán.

_____________ **19.** El desierto de Thar está al este del valle del Indo.

_____________ **20.** Las montañas y colinas se elevan en la parte del centro sur de la isla.

Nombre ______________________ Grupo ______________ Fecha ______________

El Perímetro Indio

SECCIÓN 2

Vocabulario • Palabras que debes comprender:

- poco (672): razonablemente; no excesivamente
- particular (674): raro; único; superior; diferente
- extenso (675): que afecta a un área grande, que tiene una influencia grande
- desperdicios (675): materiales de desecho que circulan por los desagües o alcantarillas
- intestinal (675): que viene de los intestinos, los afecta o está relacionado con ellos
- deshidratado (675): que no tiene mucha agua; seco

Organizar información • Numera los siguientes sucesos en el orden en el que ocurrieron en Pakistán.

_______ **1.** Los invasores turcos establecieron el islamismo en el área.

_______ **2.** Pakistán oriental se convirtió en Bangladesh.

_______ **3.** Surgieron Pakistán oriental y occidental.

_______ **4.** Civilización desarrollada en el valle del río Indo.

_______ **5.** Comerciantes británicos operaban en la región.

Ordenar sucesos en secuencia • Numera los sucesos siguientes de la historia de Bangladesh en el orden en que ocurrieron.

_______ **1.** El Imperio Mogol combinó la cultura regional de la India con el Islam y creó una cultura particular.

_______ **2.** La región volvió a acentuar la agricultura

_______ **3.** El comercio en el área disminuyó porque pocas mercancías se exportaban; en consecuencia se afectó a la industria.

_______ **4.** Pakistán oriental se independizó de Bangladesh.

_______ **5.** El Imperio Mogol se debilitó, y la Compañía Británica de la India Oriental empezó a comerciar con la región.

_______ **6.** Bengala fue importante para los europeos debido a sus numerosos ríos.

Comprender países • **Completa la tabla siguiente proporcionando información de Pakistán y Bangladesh.**

Pakistán	Bangladesh
Religión mayoritaria: Otras religiones:	Religión mayoritaria: Otras religiones:
Tamaño de la población: Distribución de la población:	Tamaño de la población: Distribución de la población:
Idioma oficial:	Idioma oficial:

Comparar y contrastar • **En los siguientes renglones, compara y contrasta la vida en familia en Pakistán y en Bangladesh.**

____

____

____

____

____

____

Revisar hechos • **En cada caso, encierra la letra de la *mejor* opción.**

1. La capital de Pakistán es
- **a.** Colombo.
- **b.** Male.
- **c.** Islamabad.
- **d.** Karachi.

2. Las personas de la clase alta en Pakistán hablan
- **a.** inglés
- **b.** bengalí.
- **c.** francés.
- **d.** hindi.

3. ¿Cuál es la ciudad y puerto más importante de Pakistán?
- **a.** Thimbu
- **b.** Katmandú
- **c.** Dacca
- **d.** Karachi

4. La capital de Bangladesh es
- **a.** Tel Aviv.
- **b.** Dacca.
- **c.** Lahore.
- **d.** Islamabad.

Nombre ______________________ Grupo ______________ Fecha ______________

El Perímetro Indio

SECCIÓN 3

Vocabulario • Palabras que debes comprender:

- cargadores (678): persona a quien se le paga por cargar ciertas pertenencias como equipaje y comida
- cumbre (678): cumbre; punto más alto
- cortes (681): brotes, retoños o esquejes, u otras partes de una planta que se cortan para enraizarlos o injertarlos
- puesto comercial (681): lugar central donde las personas exhiben y comercian con bienes y servicios
- sumergido (683): cubierto con agua
- fruto del árbol del pan (683): fruto redondo, sin semillas y feculento que parece un pan cuando se hornea

Identificar capitales • En cada espacio, identifica la capital de cada país.

1. Nepal: ______________________ **3.** Sri Lanka: ______________________

2. Bhután: ______________________ **4.** Las islas Maldivas: ______________________

Identificar términos • En cada oración, escribe el término identificado para cada definición.

______________ **1.** Guías y cargadores en las expediciones a los Himalaya

______________ **2.** Túmulo o montículo que cubre las cenizas del Buda o de algún santo budista

______________ **3.** Forma de carbón empleado en los lápices y en otros productos

______________ **4.** Círculo de coral alrededor de una masa de agua llamada laguna

______________ **5.** Fibra de una planta que se puede usar como bramante o guita

Revisar hechos • Encierra la palabra o frase en negritas que completa *mejor* cada oración.

1. El **embarque / turismo** es la actividad económica principal en las Maldivas.

2. **Las Maldivas / Sri Lanka** tienen 19 atolones en una meseta volcánica.

3. **banca / minería** es una importante actividad económica en Sri Lanka.

4. La mayoría de las personas en las Maldivas son **hinduistas / musulmanes.**

5. La economía de Sri Lanka está basada principalmente en la (el) **agricultura / turismo.**

6. Los conflictos étnicos entre los **tamiles / kurdos** y los cingaleses son un reto en Sri Lanka.

7. En Sri Lanka, las interacciones sociales están fuertemente influidas por la **educación / casta**.

8. **Las Maldivas / Sri Lanka** es un líder mundial en la exportación de grafito.

Clasificar países • Completa la tabla siguiente escribiendo el número de cada una de las afirmaciones abajo de la categoría correcta. Si un punto se aplica tanto a Nepal como a Bhután, escribe ese número sólo en la columna del centro.

1. Es atractivo para los turistas
2. Lugar de nacimiento de Gautama, el Buda
3. Tiene un rey y un parlamento por elección
4. Está organizado en torno a un estado unificado por un monje tibetano
5. Montañoso y sin salida al mar
6. Cerca del 90 por ciento de su población es hindú.
7. Está entre la India y China
8. La mayoría de las personas es de origen tibetano y son budistas.
9. El gobernante declaró una monarquía constitucional en 1969.
10. La mayoría de las personas ganan su sustento trabajando la tierra.
11. Fundamentalmente subdesarrollada y aislada
12. Gran Bretaña le quitó sus territorios
13. La madera para construcción y la energía hidroeléctrica son recursos importantes.
14. Los agricultores crían ganado, cabras, ovejas y yaks en las montañas.

Nepal	Ambos países	Bhután

Nombre ______________________ Grupo ______________ Fecha ______________

Australia y Nueva Zelanda

SECCIÓN 1

Vocabulario • Palabras que debes comprender:

- no nativo (703): que no es originario de un área
- koala (704): marsupial australiano sin cola, semejante a un pequeño oso, que vive en los árboles y que sólo come del árbol del eucalipto
- eucalipto (704): altos árboles perennes, aromáticos, empleados por su aceite, madera y goma
- ópalo (704): mineral iridiscente de muchos colores que frecuentemente se emplea como una piedra preciosa
- criquet (706): juego entre dos equipos que compiten por batear y lanzar una pelota de cuero rojo con un bate de madera

Describir un continente • En los siguientes renglones, escribe cuatro cosas que distinguen al continente australiano en el mundo.

1. ______________________________

2. ______________________________

3. ______________________________

4. ______________________________

Clasificar accidentes geográficos regionales • Completa la tabla siguiente escribiendo el número de cada punto abajo del accidente geográfico regional correcto.

1. Incluye la Gran Cordillera Divisoria, la cual contiene la isla de Tasmania

2. Cubre más de la mitad del continente

3. Abarca la Cuenca del Gran Artesiano, la fuente de agua subterránea más grande de Australia

4. Uno de los principales sistemas fluviales de Australia, el Murray-Darling, corre hacia el oeste desde aquí

5. Destaca la planicie de Nullarbor, la enorme área más plana de cualquier continente

6. Ubicación de la montaña más alta de Australia

Tierras altas orientales	Tierras bajas centrales	Meseta occidental

Identificar términos • En cada espacio, escribe el término identificado para cada definición. Elige tus respuestas de la lista siguiente.

pozos artesianos	arrecife coralino	especies endémicas
marsupiales	interior	rugby
el bush	eucalipto	

_______________ **1.** Animales y plantas que se desarrollan en una región en particular

_______________ **2.** Animales que llevan a sus crías en sus bolsas abdominales

_______________ **3.** Juego británico que es semejante al fútbol soccer y al americano

_______________ **4.** Escollo rocoso y calizo en aguas tropicales y cálidas cercano a la orilla

_______________ **5.** Región interior de Australia

_______________ **6.** El agua se eleva a la superficie de la Tierra sin ser bombeada

_______________ **7.** Árbol más común de Australia

_______________ **8.** Zonas de vida silvestre ligeramente pobladas

Ordenar sucesos en secuencia • Numera los siguientes sucesos en el orden en que ocurrieron.

_____ **1.** Los británicos otorgaron la independencia a las colonias australianas.

_____ **2.** Los asiáticos empezaron a trasladarse a Australia en cantidades crecientes.

_____ **3.** Los británicos empezaron a establecer colonias en Australia.

_____ **4.** Los aborígenes llegaron a Australia del Sudeste Asiático.

_____ **5.** Australia combatió del lado de las fuerzas aliadas en la Primera y en la Segunda Guerras Mundiales

_____ **6.** Muchos aborígenes murieron debido a las enfermedades traídas por los europeos.

Revisar hechos • Completa las siguientes oraciones.

1. La Gran Barrera de Arrecife es _______________.

2. Entre los climas de Australia están _______________.

3. Los recursos minerales de Australia son _______________.

4. El origen de la mayoría de australianos de hoy es _______________.

5. Las ciudades más grandes de Australia son _______________.

6. Australia proporciona casi la mitad de esta materia prima al mundo _______________.

Nombre ______________________ Grupo ______________ Fecha ______________

Australia y Nueva Zelanda

SECCIÓN 2

Vocabulario • Palabras que debes comprender:

- accidentado (710): irregular; escarpado; áspero
- campos de forraje (711): áreas de terreno que son apropiadas para pastorear ganado
- trucha (711): pez que que se caza y come y que, por lo general, vive en agua dulce
- moa (711): pájaro gigante parecido al avestruz, incapacitado para volar, que fue cazado hasta que fue extinguido
- extinguido o extinto (711): que ya no existe como especie
- kiwi (713): fruta peluda, de color café y del tamaño de un huevo, que tiene una pulpa dulce y verde

Describir un país • Proporciona la siguiente información de Nueva Zelanda en cada espacio.

1. Montañas más altas: ______________________

2. Recursos minerales: ______________________

3. Primeros pobladores: ______________________

4. Tipo de gobierno: ______________________

5. Capital: ______________________

6. Isla más densamente poblada: ______________________

7. Ciudad y puerto más grande: ______________________

8. Productos agrícolas más importantes: ______________________

9. Socios comerciales más importantes: ______________________

10. Industrias importantes: ______________________

11. Idioma principal: ______________________

12. Religión más común: ______________________

Revisar hechos • En cada caso, encierra la letra de la *mejor* opción.

1. El grupo más grande de personas de Nueva Zelanda es

a. el maorí.
b. asiáticos étnicos.
c. personas de origen europeo
d. africanos.

2. ¿Cuál es el clima de Nueva Zelanda?

a. estepa
b. mediterráneo
c. húmedo continental
d. marítimo de la costa oeste

3. ¿Qué no es común en Nueva Zelanda?
- **a.** volcanes
- **b.** kiwis
- **c.** ovejas
- **d.** desiertos

4. La mayoría de los neozelandeses viven en
- **a.** áreas urbanas.
- **b.** valles.
- **c.** zonas rurales.
- **d.** montañas.

5. Más de la mitad de la tierra de Nueva Zelanda está destinada a
- **a.** los parques nacionales.
- **b.** la agricultura.
- **c.** las playas.
- **d.** las refinerías petroleras.

6. ¿Dónde se localiza Nueva Zelanda?
- **a.** noroeste de Haití
- **b.** este de Cuba
- **c.** sudeste de Australia
- **d.** oeste de Canadá

7. ¿Cuál de las siguientes afirmaciones es falsa?
- **a.** La Isla del Norte es completamente plana.
- **b.** El lado este de la Isla del Sur tiene una planicie costera plana
- **c.** Los Alpes del Sur están en la Isla del Sur.
- **d.** Nueva Zelanda es casi del tamaño de colorado.

8. La ciudad más grande de la Isla del Sur es
- **a.** Wellington.
- **b.** Christchurch.
- **c.** Brisbane.
- **d.** Auckland.

Ordenar sucesos en secuencia • Numera los siguientes sucesos en el orden en que ocurrieron.

_______ **1.** Los británicos firman un tratado con los maoríes.

_______ **2.** Un explorador holandés es el primer europeo en avistar Nueva Zelanda.

_______ **3.** Los neozelandeses pelean junto con los británicos y los australianos en la Primera y la Segunda Guerras Mundiales.

_______ **4.** Los moa se extinguen debido a la caza excesiva.

_______ **5.** Nueva Zelanda se independiza de los británicos.

_______ **6.** Los antepasados de los maoríes llegan a Nueva Zelanda de otras islas del Pacífico.

_______ **7.** Las fábricas de Nueva Zelanda producen una amplia variedad de productos.

_______ **8.** El explorador británico, capitán James Cook, visita Nueva Zelanda.

Nombre ______________________ Grupo ______________ Fecha ______________

Oceanía y la Antártida

SECCIÓN 1

Vocabulario • Palabras que debes comprender:

- plataforma continental (718): placa de suelo sumergido que desliza gradualmente hacia abajo de la costa continental
- hemisferio sur (719): mitad de la Tierra que está al sur del ecuador
- permanente (721): duradero; que queda sin cambios importantes indefinidamente
- pingüino (721): pájaro palmípedo, que no puede volar, las alas las usa como remos para nadar
- que vale la pena (721): que es suficientemente valioso para ser digno del esfuerzo, tiempo o dinero invertidos

Identificar islas • Para cada inciso de la izquierda marca el cuadro de la isla correcta.

	Islas altas	Islas bajas
1. La mayoría están hechas de coral.	❏	❏
2. Islas oceánicas formadas por volcanes cuya base es el piso del mar	❏	❏
3. Son ejemplo de ellas Tahití y Hawai.	❏	❏
4. Apenas se elevan arriba del nivel del mar	❏	❏
5. Las islas Marshall, las cuales incluyen dos cadenas de atolones de coral	❏	❏
6. Islas continentales formadas de roca continental	❏	❏
7. Nueva Guinea, la segunda isla más grande del mundo	❏	❏
8. Muchos son atolones.	❏	❏
9. Suelos delgados alimentan a pocos árboles además de la palma de coco	❏	❏
10. Buenos suelos, agua dulce y recursos forestales	❏	❏
11. Densas selvas tropicales	❏	❏
12. Poca agua dulce y poblaciones pequeñas	❏	❏

Describir un continente • **Encierra la palabra o las palabras en letras cursivas que completen correctamente cada oración. Cada oración puede tener más de una respuesta correcta.**

1. La Antártida es el continente más *soleado alto pequeño seco ventoso frío* del mundo.
2. La península de la Antártida tiene un clima de *tundra estepa mediterráneo subártico.*
3. Las aguas heladas alrededor de la Antártida tiene *focas cocodrilos flamingos ballenas* y otros animales.
4. Los recursos minerales de la Antártida incluyen *petróleo minera de hierro cobre bauxita potasa oro.*
5. Cerca del 98 por ciento de la Antártida está cubierta por *hierba hielo volcanes rocas lagos.*
6. Los animales marinos que viven cerca de la Antártida comen *alga medusa krill mariscos atún.*

Identificar ideas • **Relaciona cada descripción de la izquierda con el término, frase o lugar correcto de la derecha. Escribe la letra de la respuesta correcta en el espacio correspondiente.**

______ 1. Isla que tiene un clima tropical de sabana

______ 2. Se localiza en la parte más al sur del mundo

______ 3. La mayoría de las islas del Pacífico

______ 4. Se forma sobre el agua en la costa de la Antártida y crea los icebergs

______ 5. Pico montañoso más alto en la Antártida

______ 6. Una de las islas más boscosas del mundo

______ 7. Trozos de hielo, algunos de los cuales son más grandes que Rhode Island

______ 8. Dividen el continente en la Antártida Oriental y la Antártida Occidental

a. capa de hielo
b. montes Transantárticos
c. icebergs
d. Nueva Caledonia
e. Vinson Massif
f. clima tropical húmedo
g. Papúa Nueva Guinea
h. Antártida

Nombre ______________________ Grupo ______________ Fecha ______________

Oceanía y la Antártida

SECCIÓN 2

Vocabulario • Palabras que debes comprender:

- explorar (722): investigar; examinar a fondo
- derrotar (723): conquistar; reprimir; vencer
- tejado de paja (723): techo hecho con paja, hojas de palma y otros recursos materiales
- pruebas de armas nucleares (725): explosiones de bombas nucleares para comprobar su eficacia
- alimentos procesados (726): comida que se ha combinado con otros ingredientes, cocinados o alterados de algún modo; comida que no está en su estado natural u original

Ordenar sucesos en secuencia • Numera los siguientes sucesos en el orden en que ocurrieron.

______ **1.** Estados Unidos y sus aliados derrotaron a Japón y recuperaron las islas del Pacífico.

______ **2.** Japón tomó el poder de los territorios alemanes en el Pacífico.

______ **3.** Fernando de Magallanes se convirtió en el primer europeo en explorar el Pacífico.

______ **4.** Las Naciones Unidos hicieron a algunas islas del Pacífico territorios bajo administración fiduciaria

______ **5.** Muchos de los países isleños se independizaron.

______ **6.** Los países europeos controlaron la mayor parte de las islas del Pacífico.

Comprender ideas • Indica si cada oración es verdadera o falsa escribiendo *V* o *F* en el espacio.

______ **1.** Polinesia fue la primera isla del Pacífico en ser colonizada.

______ **2.** Las islas del Pacífico están tratando de construir economías más fuertes.

______ **3.** Cada país del Pacífico controla la pesca y sus minerales en su Zona Económica Exclusiva.

______ **4.** Grupos humanos poblaron las islas del Pacífico hace cientos de miles de años.

5. La mayoría de países del Pacífico exportan más productos de los que importan.

______ **6.** Papúa Nueva Guinea exporta valiosos minerales y productos forestales.

______ **7.** Los territorios bajo administración fiduciaria son áreas puestas bajo el control de otro país hasta que ellos puedan gobernarse a sí mismos.

______ **8.** Francia sostuvo pruebas nucleares en las islas del Pacífico la mayor parte de los 1900s.

______ **9.** Algunas personas que viven en las islas del Pacífico que todavía están controladas por países extranjeros quieren su independencia.

_______ **10.** La mayoría de los habitantes de las islas del Pacífico no están preocupados por el efecto de las influencias extranjeras.

_______ **11.** Tahití es un popular centro vacacional en Papúa Nueva Guinea.

_______ **12.** Muchos países del Pacífico dependen de la ayuda de países extranjeros.

_______ **13.** Un país debe pagar derechos por explotar la pesca o la minería en la zona de exclusividad económica de otro país.

_______ **14.** La agricultura no es importante para las economías de los países del Pacífico.

Clasificar regiones • Completa la siguiente tabla escribiendo el número de cada oración abajo de la región correcta. Algunas oraciones pueden aplicarse a más de una región.

1. Incluye más de 2000 islas diminutas de Melanesia

2. La más poblada de las tres regiones de las islas del Pacífico

3. La mayoría de las personas vive en áreas rurales

4. Se extiende de Palau al oeste hasta Kiribati en el este

5. Casi dos tercios de todos los isleños del Pacífico viven en Papúa Nueva Guinea

6. Forma un enorme triángulo, y sus vértices son Hawai, isla del este y Nueva Zelanda

7. Muchas casas están hechas de madera y techos de paja.

8. El inglés y el francés son los idiomas oficiales.

9. La más urbana de las tres regiones del Pacífico.

10. Algunas personas practican religiones tradicionales locales.

11. Port Moresby es la capital de Papúa Nueva Guinea y es la ciudad más grande de la región.

12. Poblada por europeos étnicos, asiáticos y otros

Melanesia	Micronesia	Polinesia

Nombre ______________ Grupo ______________ Fecha ______________

Oceanía y la Antártida

Sección 3

Vocabulario • Palabras que debes comprender:

- estar en órbita (727): dar vueltas alrededor de otra cosa periódicamente
- dióxido de carbono (728): gas inodoro e incoloro que se produce en la combustión y en la respiración
- capa de ozono (728): capa atmosférica que absorbe la radiación ultravioleta del Sol y regula la temperatura de la atmósfera
- afectar (729): perturbar; alterar; dañar

Revisar hechos • En cada caso, encierra la letra de la *mejor* opción.

1. La actividad militar en la Antártida
  a. está prohibida en cualquier temporada.
  c. está permitida sólo durante tiempo de guerra.
  b. algunas veces está permitida durante el invierno.
  d. ocurre casi una vez cada década.

2. Los únicos pobladores en la Antártida son
  a. los nómadas. **c.** los inuit.
  b. los investigadores. **d.** los cazadores.

3. ¿Qué es un anticongelante?
  a. un tipo de rayo ultravioleta producido en el invierno
  b. un filtro especial para el sol que las personas usan en la Antártida
  c. una sustancia que se añade a un líquido para evitar congelamiento
  d. un tipo de gasolina empleada en clima frío.

4. El capitán James Cook divisó la Antártida en
  a. los 1400s. **c.** los 1600s.
  b. los 1500s. **d.** los 1700s.

5. ¿Cuál de las siguientes afirmaciones es falsa?
  a. Los científicos no pueden visitar la Antártida.
  c. El turismo está restringido en la Antártida.
  b. Las perforaciones no se permiten en la Antártida.
  d. La minería no está permitida en la Antártida.

6. ¿Cuál de las siguientes oraciones no describe a la Antártida?
  a. tiene albergues de famosos exploradores
  b. cuenta con muchos hoteles lujosos.
  c. rodeada de océanos con tormentas.
  d. cubierta por hielo muy viejo.

Describir descubrimientos • En el espacio siguiente, describe tres descubrimientos en la Antártida.

1. ______________________________

____

2. ______________________________

____

3. ______________________________

____

Identificar lugares • **En cada espacio, escribe el nombre del lugar identificado para cada descripción.**

_______________ **1.** Base de investigación de Estados Unidos en la península Antártica

_______________ **2.** Destino final de la primera expedición a la Antártida en 1911

_______________ **3.** País desde el cual navegó el capitán James Cook

_______________ **4.** Estación de investigación de Estados Unidos en la capa de hielo Ross

Distinguir un hecho de una opinión • **En cada espacio, escribe *H* si la oración es un hecho y *O* si es una opinión.**

_______________ **1.** Los turistas han dejado desechos en la Antártida.

_______________ **2.** Explotar los recursos de la Antártida arruinaría uno de los pocos lugares que relativamente no han sido afectados en la Tierra.

_______________ **3.** Varios países están de acuerdo en preservar la Antártida "para la ciencia y la paz".

_______________ **4.** Los derrames de petróleo han ocasionado daños en la Antártida.

_______________ **5.** La Antártida es una tierra baldía congelada que no vale la pena conservar.

_______________ **6.** La Antártida no ha sido protegida lo suficiente por el Tratado de la Antártida de 1959 y el acuerdo internacional de 1991.

Clave de respuestas

CAPÍTULO 1

Sección 1

Identificar términos

1. c **2.** a **3.** d **4.** f **5.** g **6.** b **7.** e

Revisar hechos

1. b **2.** a **3.** c **4.** c **5.** d

Clasificar temas

1. L **2.** G **3.** R **4.** G **5.** R

Comprender ideas

1. Estudiar geografía es importante porque permite dar sentido a la organización de las cosas en el espacio. La geografía también es relevante porque permite comprender las relaciones entre los lugares, las personas y los medio ambientes. La geografía nos ayuda a comprender nuestro mundo.
2. Los geógrafos están interesados en los cambios políticos debido al efecto que causan en las personas, especialmente en los patrones de migración y en los asentamientos humanos, así como en las fronteras.
3. La geografía regional facilita el estudio del mundo porque el globo se descompone en partes manejables o comprensibles.

Sección 2

Comprender ideas

Las respuestas variarán, pero los estudiantes deben referirse a las características físicas como accidentes geográficos, costas o masas de agua. Los estudiantes también deben enlistar características humanas como la historia, la religión, la política, el idioma y otros rasgos culturales.

Identificar términos

1. absoluta **2.** diques **3.** difusión
4. regiones **5.** relativa **6.** adaptaciones
7. temas

Clasificar ejemplos

Personas: 3, 6; Bienes: 1, 4; Ideas: 2, 5

Identificar lugares

1. b **2.** d **3.** a **4.** e **5.** c

Sección 3

Clasificar información

Geografía humana: geógrafo económico, idioma, geógrafo político, geógrafo urbano; Geografía física: climatólogo, montaña, cartógrafo, océano, desierto, tornado, atmósfera, meteorólogo

Distinguir entre oraciones verdaderas y falsas

1. F **2.** F **3.** V **4.** F **5.** V **6.** F **7.** V **8.** F

Comprender términos

Metereología: el campo para el pronóstico y los reportes de la temperatura, la lluvia y otras condiciones atmosféricas; Climatología: el campo para rastrear y analizar los grandes sistemas atmosféricos de la Tierra; área común: ambas se centran en la atmósfera, informan a las personas acerca del tiempo y hacen predicciones

Comprender ideas

1. ayudan en el estudio del medio ambiente
2. Las respuestas variarán, pero los estudiantes deben mencionar una profesión y describir de qué manera utilizan la geografía.
3. Las respuestas variarán, pero los estudiantes quizá mencionen la predicción de fenómenos naturales que amenazan las vidas humanas, como las erupciones volcánicas, los huracanes, los tornados, las avalanchas y las sequías.
4. Las respuestas variarán, pero los estudiantes quizá mencionen que empleando los conocimientos geográficos pueden encontrar el camino a la escuela todos los días o se pueden preparar para tiempos extremos.

CAPÍTULO 2

Sección 1

Describir cuerpos en el espacio

Luna; respuestas posibles:

1. satélite que gira alrededor de la Tierra
2. su órbita dura aproximadamente 29 1/2 días
3. provoca las mareas en los océanos de la Tierra

Sol; respuestas posibles:

1. estrella grande en el centro del sistema solar
2. aproximadamente 100 veces el diámetro de la Tierra
3. más cercana a la Tierra que otras estrellas

Tierra; respuestas posibles:

1. tiene un eje inclinado
2. su rotación dura 24 horas
3. gira sobre su propio eje

Comprender ideas

1. Antártico **2.** solar **3.** órbita **4.** estaciones **5.** rotación **6.** La inclinación **7.** Trópico de Cáncer **8.** solsticio

Reconocer causa y efecto

1. equinoccios **2.** Rotación de la Tierra **3.** años bisiestos **4.** La gravedad del Sol y la Luna **5.** estaciones

Definir términos

hidrosfera: toda el agua de la Tierra (los estudiantes pueden esbozar masas de agua, como los océanos en la superficie terrestre); biosfera: toda la vida animal y vegetal (los estudiantes pueden dibujar plantas y animales de la superficie terrestre); litosfera: capa exterior rocosa y sólida de la Tierra (los estudiantes pueden dibujar rocas de la superficie terrestre); atmósfera: capa de gases que rodea a la Tierra (los estudiantes pueden dibujar nubes alrededor de la Tierra)

Sección 2

Ordenar sucesos en secuencia

1. 2 **2.** 4 **3.** 1 **4.** 3 **5.** 5

Clasificar información

Evaporación: 3, 4; Condensación: 1, 6; Precipitación: 2, 5

Comprender ideas

1. no cambia **2.** más dañinos **3.** entra a **4.** limita **5.** amenaza

Revisar hechos

1. d **2.** c **3.** a **4.** c **5.** b **6.** c

Sección 3

Organizar ideas

1. núcleo; centro interno y sólido de la Tierra
2. manto; capa de roca líquida que rodea al núcleo
3. corteza; capa sólida y exterior de la Tierra

Clasificar ejemplos

1. P **2.** S **3.** S **4.** P **5.** S

Comprender procesos

Columna de la izquierda: choque de placas; las placas chocan una contra otra; algunas veces una placa es empujada debajo de otra.
Columna central: deslizamiento de placas; las placas se deslizan una encima de la otra; cuando la tensión resultante se libera ocurre un terremoto.
Columna de la derecha: separación de placas; dos placas se separan una de otra; permite que lava ardiente emerja de la grieta.

Identificar términos

1. d **2.** g **3.** e **4.** b **5.** a **6.** i **7.** c **8.** j **9.** f **10.** h

CAPÍTULO 3

Sección 1

Distinguir entre oraciones verdaderas y falsas

1. F **2.** F **3.** V **4.** F **5.** V **6.** F **7.** F **8.** V **9.** F **10.** V

Comprender ideas

1. baja **2.** alta **3.** baja **4.** alta **5.** alta

Identificar vientos

1. vientos del oeste **2.** vientos predominantes **3.** vientos alisios **4.** vientos del oeste **5.** vientos alisios **6.** vientos alisios

Revisar hechos

1. c **2.** d **3.** a **4.** b **5.** c **6.** d

Sección 2

Describir climas

Las respuestas de la tercera columna pueden variar, pero los estudiantes pueden incluir algunos de los detalles siguientes.

1. latitud baja; cálido y lluvioso todo el año, vegetación y selvas tropicales
2. latitud baja; cálido durante todo el año, pastizales tropicales con árboles dispersos
3. seco; árido, soleado y caliente en los trópicos, amplio margen de temperaturas en latitudes medias, pocas plantas tolerantes a las sequías

4. seco; semiárido, poca precipitación, veranos calientes, inviernos fríos, varias temperaturas durante el día, pastizales, pocos árboles
5. latitudes medias; veranos secos, soleados, cálidos y templados, inviernos húmedos, matorrales, bosques y pastizales
6. latitudes medias; veranos calientes y húmedos, inviernos templados y húmedos, lluvia durante todo el año, huracanes y tifones en la costa, bosques mixtos
7. latitudes medias; veranos nubosos y templados, inviernos fríos y lluviosos, templados bosques perennes
8. latitudes medias; cuatro estaciones distintas, inviernos largos y fríos, veranos cortos y cálidos, precipitación variable, bosques mixtos
9. latitudes altas; temperaturas extremas, inviernos largos y fríos, veranos cortos y cálidos, escasa precipitación, bosques perennes en el norte
10. latitudes altas; frío durante todo el año, inviernos largos y fríos, veranos cortos y templados, escasa precipitación, musgos, líquenes, arbustos, permafrost, pantanos
11. latitudes altas; frío congelante, nieve y hielo durante todo el año, escasa precipitación, sin vegetación
12. todas las latitudes; las temperaturas y la precipitación varían según la elevación de las montañas; también habrá vegetación de bosque de tundra

Identificar climas

1. e **2.** a **3.** d **4.** c **5.** a **6.** b **7.** g **8.** f **9.** i **10.** e

Comprender ideas

1. sombra de lluvia **2.** El clima **3.** Las montañas **4.** tundra **5.** ecuador **6.** árida **7.** Permafrost **8.** Los monzones **9.** estepa **10.** El tiempo

Sección 3

Describir un proceso

Las respuestas variarán, pero los estudiantes pueden explicar que una planta, como un tallo de trigo, crece y convierte la luz del Sol en energía química a través de la fotosíntesis; un animal, como un ratón, come la planta y adquiere su energía; finalmente, un animal grande, como un halcón, come al ratón e indirectamente obtiene la energía de la planta al consumir al ratón.

Clasificar información

1. S **2.** B **3.** S **4.** T **5.** S **6.** T

Reconocer causa y efecto

1. suelo **2.** La erosión **3.** complejas **4.** La lixiviación **5.** simples

Organizar ideas

1. Una comunidad vegetal es un grupo de plantas que viven juntas en una área. La sucesión vegetal es un reemplazo de plantas que están mejor adaptadas a las condiciones nuevas del ecosistema.
2. Las plantas y los animales mueren, y luego las bacterias y los insectos que viven en el suelo los descomponen y los transforman en nutrientes aprovechables. El humus crea un suelo muy fértil.
3. todas las plantas y los animales juntos en una área con las otras cosas sin vida
4. Un incendio en el bosque puede favorecer la sucesión vegetal porque se destruyen la mayoría de plantas. Esto permite que la luz del sol ilumine áreas que antes estuvieron en penumbra. Un incendio también genera materia muerta de plantas, y libera nutrientes en el suelo. Las primeras plantas nuevas previenen la erosión y necesitan mucho sol; crean sombra para otras plantas; las semillas de los árboles pequeños y de los arbustos gradualmente crecen en la sombra; eventualmente muchas de las primeras plantas nuevas mueren; los árboles altos reemplazan de manera gradual a los árboles pequeños y a los arbustos.
5. convertir la luz del sol en energía química

CAPÍTULO 4

Sección 1

Organizar ideas

Pérdida de nutrientes: Si los campos se siembran varias veces con los mismos cultivos, el suelo puede perder nutrientes importantes. Salinidad del suelo: Si los agricultores en los climas secos riegan sus cultivos con agua que se evapora y provoca que las plantas no puedan crecer. Erosión: El suelo puede lavarse por la lluvia o ser arrastrado por el viento. Pérdida de tierras cultivables: Si una granja se explota en exceso o hay sobrepastoreo, puede ocurrir la desertificación. El crecimiento de las ciudades y sus suburbios también pueden destruir las tierras cultivables.

Clasificar información

1. D **2.** R **3.** D **4.** R **5.** D **6.** D **7.** R **8.** R

Comprender ideas

1. desertificación **2.** El suelo **3.** los bosques (o la madera) **4.** nutrientes **5.** Los bosques **6.** La deforestación **7.** La rotación de cultivos **8.** terrazas **9.** fertilizante **10.** renovables **11.** La salinidad **12.** madera

Sección 2

Organizar ideas

1. Respuesta posible: acuíferos, acueductos y plantas desalinizadoras
2. Respuesta posible: reciclar el agua con plantas de tratamiento; conservar el paisaje con plantas nativas
3. Respuesta posible: agricultura, industria y aserraderos abiertos
4. Todos los seres vivos necesitan agua para sobrevivir; sin el agua podrían morir. Si se contamina, podrían enfermar o morir.

Describir un proceso

Las respuestas variarán, pero los estudiantes podrían completar el diagrama como sigue: una fábrica suelta desechos químicos en un río; éste transporta los desechos al mar; los peces los consumen; las personas los comen y se enferman.

Revisar hechos

1. c **2.** a **3.** a **4.** d **5.** c **6.** b **7.** d **8.** b

Sección 3

Clasificar minerales

Minerales no metálicos: esmeraldas, zafiros, diamantes, talco, rubíes, cuarzo; Minerales metálicos: cobre, aluminio, hierro, oro, platino, plata

Observar correspondencias

Respuesta posible: **1.** joyería **2.** monedas **3.** acero **4.** latas de refrescos **5.** joyería

Identificar términos

1. i **2.** j **3.** a **4.** f **5.** e **6.** d **7.** b **8.** g **9.** h **10.** c

Sección 4

Clasificar información

Carbón: 3, 4, 6, 7, 8; Petróleo: 1, 5, 6, 7, 10; Gas natural: 2, 6, 7, 9

Organizar ideas

1. Las presas aprovechan la energía de las caídas de agua en generadores de energía; los generadores producen electricidad.
2. Una turbina, un sistema de aspas de ventilador, es movida por el viento; al girar produce electricidad; los molinos de viento también producen energía.
3. Una chimenea de vapor y las aguas termales en la superficie de la Tierra liberan calor; esta energía puede emplearse mediante generadores de energía eléctrica.
4. La luz y el calor del Sol pueden utilizarse para calentar los hogares y el agua; las celdillas solares absorben la energía solar y generan electricidad.

Distinguir un hecho de una opinión

1. H **2.** O **3.** H **4.** H **5.** O **6.** H **7.** O **8.** O **9.** H **10.** O

CAPÍTULO 5

Sección 1

Identificar términos

1. f **2.** c **3.** e **4.** d **5.** b **6.** a

Clasificar información

1. E **2.** H **3.** E **4.** H **5.** H **6.** E

Describir un proceso

Los animales y las plantas, se volvieron dependientes de los humanos para sobrevivir; las personas poblaron una área, la cultivaron y cambiaron el paisaje; la agricultura permitió a la gente cosechar más comida, lo que provocó que fabricaran productos no agrícolas; la agricultura les permitió tener trabajos no agrícolas y adaptarse a la creciente población.

Identificar símbolos

1. ambulancia; se usa enfrente de los hospitales para advertir a las personas que una ambulancia podría entrar o salir del hospital

2. signo de no fumar; se emplea para advertir a las personas que fumar está prohibido
3. signo de información; se emplea para comunicarle a las personas que pueden obtener información cerca

Sección 2

Revisar hechos

1. baja **2.** baja **3.** alta **4.** alta **5.** alta **6.** baja **7.** alta **8.** alta **9.** baja **10.** alta

Distinguir entre oraciones verdaderas y falsas

1. F **2.** V **3.** F **4.** V **5.** V **6.** F **7.** V **8.** F **9.** V **10.** V **11.** F **12.** V **13.** F **14.** V **15.** V

Organizar ideas

Industria primaria: Definición: dirige actividades que involucran los recursos naturales o materias primas; ejemplo: minería; Industria secundaria: Definición: transforma las materias primas de la industria primaria en productos terminados; ejemplo: aserradero que convierte árboles en maderos; Industria terciaria: Definición: maneja bienes listos para ser vendidos a los clientes; ejemplo: tienda que vende productos; Industria cuaternaria: Definición: emplea personas especializadas, las cuales trabajan con información, no con bienes; ejemplo: compañía de investigación

Sección 3

Clasificar información

Tasa alta de crecimiento de la población: 1, 2, 4, 6, 8; Tasa baja de crecimiento de la población: 3, 5, 7

Distinguir un hecho de una opinión

1. O **2.** O **3.** H **4.** O **5.** H **6.** O **7.** H **8.** O **9.** H **10.** H

Revisar hechos

1. c **2.** b **3.** d **4.** b **5.** c **6.** a

CAPÍTULO 6

Sección 1

Clasificar información

Este: 6, 10; Interior: 4, 8, 11; Oeste: 2, 5, 12; Hawai: 9; Alaska: 7, 3

Identificar climas

1. sabana tropical **2.** desierto **3.** marítimo de la costa oeste **4.** estepa **5.** continental húmedo **6.** subártico y de tundra **7.** mediterráneo **8.** sabana tropical **9.** subtropical húmedo **10.** estepa y altiplano

Revisar hechos

1. c **2.** d **3.** a **4.** b

Sección 2

Organizar ideas

Lenguaje: Muchas personas en los Estados Unidos son bilingües; Religión: la mayoría de las grandes ciudades tienen gran variedad de iglesias para el culto, como sinagogas, mezquitas, templos budistas e iglesias cristianas; Comidas: Muchos americanos celebran días festivos de otras culturas, como el *Cinco de Mayo;* Artes: Muchas formas de música estadounidense, como el jazz, están basadas en música de otros países; Literatura: Muchos escritores populares son estadounidenses de origen africano o latinoamericano.

Ordenar sucesos en secuencia

1. 6 **2.** 4 **3.** 8 **4.** 7 **5.** 2 **6.** 10 **7.** 1 **8.** 3 **9.** 5 **10.** 9

Identificar grupos

1. d **2.** g **3.** f **4.** e **5.** a **6.** c **7.** j **8.** h **9.** i **10.** b

Sección 3

Clasificar información

1. OM **2.** S **3.** OM **4.** N **5.** S **6.** N **7.** OM **8.** N **9.** P **10.** S **11.** N **12.** OI **13.** S **14.** N **15.** P **16.** OI **17.** OM **18.** S **19.** P **20.** OI

Comprender ideas

1. lechera **2.** pivote central **3.** megalópolis **4.** a cielo abierto **5.** triguera **6.** diversifican **7.** maicera **8.** déficit comercial **9.** Gettysburg **10.** reforestados

Organizar ideas

1. el valor de las exportaciones es menor que el valor de las importaciones en los Estados Unidos; el gobierno necesita encontrar la forma de ayudar a las compañías estadounidenses

2. Otros países buscan ayuda de los Estados Unidos para ayudar a resolver conflictos internacionales. Los soldados de los Estados Unidos han combatido en diversos conflictos en el extranjero.

CAPÍTULO 7

Sección 1

Identificar lugares

1. b **2.** j **3.** a **4.** c **5.** g **6.** f **7.** h **8.** d **9.** i **10.** e

Organizar ideas

1. en una franja de bosques de coníferas que se extiende desde la península del Labrador hasta la costa del Pacífico
2. fibras de madera suavizadas para hacer papel
3. papel barato empleado principalmente para imprimir periódicos
4. níquel, zinc, uranio, plomo, cobre, oro, plata, carbón y potasa
5. un mineral empleado para hacer fertilizantes

Identificar climas

Sudeste de Canadá: clima marítimo de la costa oeste; norte lejano del Canadá: clima de tundra y glaciar, Canadá central y del norte: clima subártico; Este y centro sur de Canadá: clima continental húmedo

Sección 2

Ordenar sucesos en secuencia

1. 4 **2.** 8 **3.** 6 **4.** 2 **5.** 7 **6.** 3 **7.** 10 **8.** 1 **9.** 9 **10.** 5

Comprender ideas

1. ferrocarriles **2.** Toronto **3.** de la bahía de Hudson **4.** de las granjas (o áreas rurales) **5.** inmigrantes **6.** Alberta **7.** Ontario **8.** Columbia Británica **9.** Los mestizos **10.** Europa **11.** de los 1900s **12.** provincias **13.** francés **14.** dominio

Organizar ideas

Mitad superior del triángulo: Un gobierno central encabezado por un primer ministro; esta parte del gobierno es semejante a nuestro gobierno federal.
Mitad inferior del triángulo: Diez gobiernos de provincias encabezados por primeros ministros. Esta parte del gobierno es semejante a nuestros gobiernos estatales.

Sección 3

Comprender el punto de vista

Pros: Debido a que el regionalismo provoca que las personas pongan énfasis en la ayuda política y emocional a su región, tienen un fuerte sentido de unidad e identidad regional. Por ejemplo, la mayoría de las personas en Quebec hablan francés, y la cultura francesa es dominante. Quebec es una bulliciosa ciudad con rasgos propios de la arquitectura, comida y cultura francesas; Contras: El excesivo regionalismo puede provocar que las personas olviden que los beneficios de lealtad a su nación, también puede provocar que actúen sin medir las consecuencias. Por ejemplo, si los regionalistas de Quebec hubieran triunfado para separarse de Canadá, probablemente hubieran sufrido un periodo largo de dificultades económicas y agitación política. Esta provincia no tiene sistemas que pudieran reemplazar aquellos que proporciona el gobierno federal.

Clasificar información

1. E **2.** C **3.** E **4.** O **5.** E **6.** C **7.** O **8.** N **9.** O **10.** C **11.** E **12.** N **13.** E **14.** O **15.** N **16.** C **17.** C **18.** N **19.** O **20.** N

Organizar ideas

1. Gran Bretaña obtuvo el control de Canadá
2. los ciudadanos del Norte y del Sur, en la mayoría de los casos, se pusieron del lado del área política donde vivían, lo que condujo a la Guerra Civil
3. en o cerca del mar
4. personas que son nativas de Nunavut en el norte de Canadá

CAPÍTULO 8

Sección 1

Identificar climas

1. desierto **2.** estepa **3.** sabana
4. húmedo tropical

Comprender ideas

1. Texas **2.** Pacífico **3.** este; oeste
4. La Ciudad de México **5.** sumideros
6. medias **7.** selvas **8.** la Ciudad de México
9. El petróleo **10.** la plata

Revisar hechos

1. b **2.** c **3.** a **4.** d **5.** a **6.** a

Sección 2

Ordenar sucesos en secuencia

1. 8 **2.** 4 **3.** 6 **4.** 7 **5.** 1 **6.** 3 **7.** 10
8. 2 **9.** 5 **10.** 9

Identificar términos

1. chinampas **2.** conquistadores **3.** epidemia
4. imperio **5.** mestizos **6.** mulatos
7. misiones **8.** ejidos

Reconocer logros

1. construyeron templos, pirámides y estatuas; comerciaron con jade y obsidiana labrados
2. hicieron cálculos astronómicos muy precisos; tenían un calendario complejo
3. conquistaron otros grupos indígenas alrededor de ellos; construyeron chinampas

Organizar ideas

1. tenían mosquetes y caballos y trajeron enfermedades
2. el principal indicador es el lenguaje

Sección 3

Identificar regiones culturales

La Ciudad de México: 5, 9; Centro: 1, 11; Costa petrolera: 4, 7; Sur de México: 2, 12; Norte de México: 6, 10; Península de Yucatán: 3, 8

Identificar términos

1. d **2.** c **3.** a **4.** e **5.** b

Comprender ideas

1. congreso
2. deudas a bancos extranjeros, altos índices de desempleo e inflación
3. México, Estados Unidos y Canadá
4. 12 por ciento
5. fuertes demandas de los Estados Unidos
6. a lo largo de la frontera con Estados Unidos
7. 31; uno
8. la Ciudad de México
9. el sur de México
10. Yucatán

CAPÍTULO 9

Sección 1

Clasificar características físicas

1. AC **2.** C **3.** C **4.** C **5.** AC **6.** C **7.** AC
8. C **9.** C **10.** C

Comprender climas

1. c **2.** a **3.** b **4.** d

Identificar recursos

1. cobre **2.** madera para construcción
3. turismo **4.** ceniza volcánica **5.** bauxita
6. café

Organizar ideas

1. Debido a que dos conjuntos de placas tectónicas están activas en el área, y esto puede provocar muchos terremotos y erupciones volcánicas; las consecuencias de estos fenómenos naturales pueden ser desastrosas.
2. son bosques tropicales muy húmedos, a grandes alturas, donde es frecuente que haya nubes bajas; en zonas montañosas

Sección 2

Identificar periodos de tiempo

1. 1903 **2.** 1821 **3.** 1979 **4.** 1999 **5.** 1981
6. principios de los 1500s **7.** 1838–1839
8. 1914 **9.** 1990. **10.** Fines de los 1800s
11. 1992 **12.** 1600s

Comprender influencias históricas

Grupos étnicos: los mestizos son personas cuyos antepasados se mezclaron, y reflejan la historia de la región, de colonización y esclavitud; las personas cuyos antepasados son africanos reflejan la historia de la esclavitud; Lenguas: El español, que es el idioma oficial de todos los países excepto de Belice, refleja el hecho de que España colonizó casi toda esta región; el inglés es el idioma oficial de Belice porque en el pasado fue una colonia de Gran Bretaña; Religiones: muchos centroamericanos son católicos romanos, lo que refleja los siglos de dominio español; muchas personas en Belice son cristianos protestantes, lo que refleja el gobierno británico.

Revisar hechos

1. cacao **2.** dictador **3.** guerra civil **4.** España **5.** zona del canal **6.** ecoturismo **7.** Costa Rica **8.** Guatemala

Sección 3

Identificar recursos

1. India **2.** Reino Unido **3.** Estados Unidos **4.** África **5.** España **6.** Unión Soviética **7.** Francia **8.** Estados Unidos **9.** España **10.** Estados Unidos

Observar correspondencias

1. República Dominicana **2.** Haití **3.** Todos los países del Caribe **4.** Cuba, Puerto Rico, República Dominicana **5.** Todos los países del Caribe **6.** Todos los países del Caribe **7.** Cuba **8.** Cuba, Haití **9.** Puerto Rico **10.** Cuba **11.** Haití, República Dominicana **12.** Cuba **13.** República Dominicana **14.** Puerto Rico

Ordenar sucesos en secuencia

1. 3 **2.** 5 **3.** 2 **4.** 6 **5.** 1 **6.** 4

CAPÍTULO 10

Sección 1

Identificar características físicas

1. *tepuís* **2.** los Andes **3.** Tierras altas de las Guayanas **4.** río Orinoco **5.** Llanos **6.** cordillera

Describir climas

1. "país caliente"; cerca del nivel del mar (del nivel del mar hasta los 3,000 pies); caliente; caña de azúcar, plátanos, cacao y arroz
2. "país templado"; montes bajos (de 3,000 a 6,000 pies); moderado, frío; café, maíz, algodón, papas, caña de azúcar y tabaco
3. "país frío"; alto en las montañas (6,000 a 10,000 pies); frío; bosques, pastizales, papas, trigo, avena, frijoles, maíz
4. límite de la vegetación arbórea (10,000 a 16,000 pies); muy frío (heladas regulares); pastizales, arbustos resistentes, papas
5. "país helado"; más alto (por arriba de los 16,000 pies); extremadamente frío (cubierto siempre con nieve)

Revisar hechos

1. b **2.** c **3.** d **4.** a

Sección 2

Revisar hechos

1. Los españoles **2.** Una ruta hacia el océano Pacífico **3.** En la costa del Caribe **4.** Alrededor del 1500 **5.** Debido a que no había suficientes españoles para cultivar la tierra **6.** Personas de América Central y de América del Sur pelearon por su independencia **7.** A finales de los 1700s **8.** República de la Gran Colombia **9.** Fue disuelto en 1830 **10.** Debido a disputas acerca de qué tanto poder debían tener la Iglesia Católica Romana y el gobierno central

Comprender ideas

1. café **2.** mandioca **3.** Bogotá **4.** población **5.** Magdalena **6.** esmeraldas **7.** El petróleo **8.** flores **9.** valles **10.** selva

Identificar causas

1. lo accidentado del terreno **2.** muchas personas descienden de africanos que fueron esclavos **3.** España dominó a Colombia por siglos **4.** los chibcha fueron la civilización dominante en la región

Organizar ideas

1. pobreza urbana **2.** rápido crecimiento de la población **3.** conflictos y violencia

Sección 3

Reconocer causa y efecto

1. b **2.** f **3.** d **4.** a **5.** c **6.** e **7.** j **8.** i **9.** h **10.** g

Describir una cultura

Grupo más numeroso de personas: pardos; ¿Por qué? Los indígenas fueron los primeros habitantes de Venezuela, los europeos colonizaron la región y los africanos fueron traídos a la región como esclavos, todas estas personas se mezclaron entre sí; lengua oficial: español; ¿Por qué? España gobernó la zona desde principios de los 1500s hasta 1830; religión principal: catolicismo romano; ¿Por qué? España gobernó el área desde principios de los 1500s hasta 1830; el catolicismo romano es la religión más importante en España

Revisar hechos

1. índigo **2.** llaneros **3.** Simón Bolívar **4.** Caracas **5.** 1498 **6.** Toros coleados

Sección 4

Ordenar sucesos en secuencia

1. 2 **2.** 5 **3.** 7 **4.** 1 **5.** 6 **6.** 4 **7.** 8 **8.** 3

Clasificar países

1. S **2.** F **3.** G **4.** F **5.** G **6.** S **7.** F **8.** S **9.** F **10.** G **11.** S **12.** F **13.** G **14.** F **15.** G **16.** F

Identificar similitudes

1. todas las economías incluyen la agricultura
2. todas tienen planicies costeras fértiles
3. todas tienen una gran población descendiente de africanos que fueron esclavos
4. todas tienen diversas poblaciones
5. todas fueron colonizadas por países europeos

CAPÍTULO 11

Sección 1

Describir características físicas

planicies y mesetas: Tierras altas de Brasil: región erosionada, montes viejos en el sudeste; Meseta de Brasil: áreas de mesetas altas en el oeste; Gran Chaco: área de planicies bajas cubiertas de arbustos, árboles bajos y sabanas; Pampas: planicies amplias, cubiertas de pastura en el centro de Argentina; Patagonia: región desértica de planicies secas y mesetas en el sur de Argentina; Tierra del Fuego: isla fría y azotada por los vientos en la punta sur del continente; Montañas: Andes: montañas más altas de América del Sur; Aconcagua: cumbre más alta en el hemisferio occidental; Sistemas fluviales: Amazonas: sistema más grande de ríos en el mundo, de unas 4,000 millas de largo, irriga una vasta área, tiene cientos de tributarios, lleva más agua que ningún otro río, contiene cerca del 20 por ciento del afluente de la Tierra, nivel inferior de sal del Atlántico; Paraná: irriga la mayor parte de la región central, de unas 3,000 millas de largo, forma parte de las fronteras de Paraguay con Brasil y Argentina, corre hacia el río Paraguay

Clasificar información

1. montañas brasileñas, Pampas **2.** Gran Chaco **3.** montañas brasileñas, Pampas **4.** Amazonas **5.** Pampas **6.** Gran Chaco **7.** Amazonas, Gran Chaco **8.** Amazonas **9.** Patagonia **10.** Gran Chaco **11.** montañas brasileñas **12.** Patagonia

Organizar ideas

1. madera, comida, plantas medicinales, caucho natural y muchos otros productos
2. porque si el suelo no tiene nutrientes, los cultivos no pueden crecer
3. petróleo, plata, oro, cobre e hierro
4. hidroeléctrica

Sección 2

Clasificar información

1. E **2.** I **3.** E **4.** I **5.** A **6.** E **7.** I **8.** E **9.** I **10.** A

Revisar hechos

1. Manaos **2.** nordeste **3.** bosques **4.** São Paulo **5.** el Amazonas **6.** sequías **7.** nordeste **8.** São Paulo **9.** bajo **10.** favelas **11.** mineros **12.** Río de Janeiro **13.** El café **14.** Brasilia

Comprender la cultura

Lenguas: 3, 6, 8, 12, 14; Religiones: 1, 7; Carnaval: 4; Comidas: 2, 9; No aplican: 5, 10, 11, 13

Sección 3

Organizar ideas

1. Los conquistadores españoles
2. "tierra de plata" o "plateada"
3. es un sistema en el cual el monarca español le daba tierras a los colonizadores; los terratenientes recibían el derecho de que los indígenas que habitaban en ella trabajaran la tierra
4. porque pastoreaban caballos y ganado en los pastizales, y esto permitía que los colonizadores, tuvieran ranchos grandes y rentables
5. hubo un periodo largo de violencia e inestabilidad; muchos indígenas fueron asesinados en las guerras contra el gobierno de Argentina
6. estuvo en manos de dictadores y militares, quienes perjudicaron a muchas personas y a la economía

Revisar hechos

1. c **2.** d **3.** b **4.** a **5.** c **6.** d

Comprender ideas

1. Mercosur **2.** Buenos Aires **3.** Las Pampas **4.** Democracia **5.** Buenos Aires **6.** Córdoba

Sección 4

Comparar y contrastar países

1. Uruguay: español (oficial) y portugués; Paraguay: español (oficial) y guaraní
2. Uruguay: tradición democrática; Paraguay: gobierno electo
3. Uruguay: buena, muy ligada a las economías de Brasil y Argentina; Paraguay: débil y muy dependiente de la agricultura
4. Uruguay: hidroeléctrica; Paraguay: hidroeléctrica
5. Uruguay: católica romana; Paraguay: católica romana

Identificar capitales

1. Montevideo; ribera norte del Río de la Plata
2. Asunción; a lo largo del río Paraguay cerca de la frontera con Argentina

Identificar ideas

1. b **2.** f **3.** i **4.** h **5.** l **6.** g **7.** k **8.** e **9.** c **10.** d **11.** j **12.** a

CAPÍTULO 12

Sección 1

Identificar países

1. Bolivia **2.** Ecuador **3.** Perú **4.** Chile

Describir climas

1. mediterráneo **2.** fresco, lluvioso **3.** nuboso, seco, con neblina y fresco **4.** tropical húmedo

Revisar hechos

1. g **2.** e **3.** b **4.** h **5.** c **6.** a **7.** f **8.** d **9.** j **10.** i

Organizar ideas

1. las aguas cálidas del océano se acercan a la costa, los peces dejan las aguas costeras cálidas e intensas lluvias a lo largo de la costa provocan severas inundaciones
2. petróleo, gas natural, plata, oro, aluminio
3. sur de Chile, este de los Andes en Perú y Ecuador

Sección 2

Identificar términos

1. virrey
2. golpe de estado
3. quipús
4. Sendero Luminoso
5. quinoa
6. criollos
7. llama y alpaca
8. Tawantinsuyu

Reconocer logros

Los estudiantes pueden escoger alguno de los siguientes: construcción de caminos con piedras, orfebrería, organización, irrigación, preservación de los alimentos, puentes colgantes, sistema de comunicación y de conteo.

Ordenar sucesos en secuencia

900: 5; 1525: 7; 1532: 2; 1535: 4; 1780–81: 1; 1818: 8; 1822: 3; 1825: 6

Revisar hechos

1. mediante puentes colgantes **2.** con corredores **3.** numérica **4.** Cuzco

Clasificar información

1. Perú **2.** Ecuador **3.** Bolivia **4.** Chile **5.** Perú **6.** Chile

Sección 3

Distinguir entre oraciones verdaderas y falsas

1. V **2.** F **3.** F **4.** V **5.** F **6.** V **7.** V
8. V **9.** F **10.** V **11.** F **12.** V

Revisar hechos

1. uvas **2.** Bolivia **3.** Estados Unidos
4. indígenas **5.** quechua **6.** bajas **7.** junta
8. Callao **9.** Quito **10.** Sucre

Comprender economías

1. Bolivia **2.** Perú **3.** Chile **4.** Bolivia
5. Ecuador **6.** Chile **7.** Chile **8.** Ecuador
9. Perú **10.** Bolivia **11.** Perú **12.** Ecuador
13. Perú **14.** Chile

CAPÍTULO 13

Sección 1

Clasificar información

Península: Ibérica, Italia, Peloponeso, Grecia; Montes: Cantábricos, Pirineos, Alpes, Apeninos; Río: Tíber, Po, Duero, Ebro, Tajo, Guadalquivir; Isla: Baleares, Creta, Sicilia y Cerdeña

Organizar ideas

1. Porque la mayoría de los países del sur de Europa están a orillas del Mediterráneo
2. "en medio de la tierra" **3.** Como el centro del mundo occidental **4.** estrecho de Gibraltar
5. Génova, Barcelona, Nápoles, Pireo y Valencia
6. Lisboa **7.** Egeo

Revisar hechos

1. templado **2.** siroco **3.** húmedo **4.** de tierras altas **5.** frío **6.** mineral de hierro **7.** mármol
8. erosión **9.** Grecia **10.** playas

Sección 2

Reconocer logros

Gobierno: estados pequeños e independientes, democracia; Artes: teatro, mosaicos

Ordenar sucesos en secuencia

1. 4 **2.** 8 **3.** 5 **4.** 2 **5.** 6 **6.** 1 **7.** 10
8. 7 **9.** 3 **10.** 9

Revisar hechos

1. c **2.** b **3.** a **4.** c **5.** a **6.** c **7.** b **8.** d

Sección 3

Organizar ideas

1. arcos, cúpula **2.** acueductos, caminos
3. las leyes e ideas han influido en muchos gobiernos modernos **4.** latín (que se desarrolló en muchas lenguas modernas) **5.** cristianismo

Comprender ideas

1. "volver a nacer" **2.** Roma **3.** ciencias
4. Galileo Galilei **5.** Américo Vespucio
6. Cristóbal Colón **7.** Leonardo da Vinci
8. Cristóbal Colón **9.** España **10.** obras literarias

Clasificar información

1. S **2.** N **3.** N **4.** S **5.** S **6.** N **7.** S
8. N **9.** N **10.** N

Sección 4

Ordenar sucesos en secuencia

1. 5 **2.** 4 **3.** 7 **4.** 3 **5.** 1 **6.** 8 **7.** 6 **8.** 2

Organizar ideas

1. ambos son originarios de América
2. el cristianismo se originó en Roma
3. fiestas católicas romanas/italianas
4. semejante al arte islámico del norte de África
5. tiene influencias africanas

Ordenar sucesos en secuencia

1. 5 **2.** 7 **3.** 4 **4.** 1 **5.** 8 **6.** 6 **7.** 2 **8.** 3

Identificar términos y lugares

1. f **2.** g **3.** a **4.** b **5.** c **6.** e **7.** d

CAPÍTULO 14

Sección 1

Identificar lugares y características físicas

Tierras bajas: Luxemburgo, planicie Europea del norte, Países Bajos, Bretaña; Tierras altas: macizo Central, Schwarzwald; Montañas: Mont Blanc, Alpes, Matterhorn, Pirineos

Revisar hechos

1. Lo calienta. **2.** Los alimenta. **3.** Sostienen la economía al permitir los viajes y el comercio.

Clasificar ríos

1. G **2.** G **3.** F **4.** G **5.** F **6.** F **7.** G
8. F **9.** G

Distinguir entre oraciones verdaderas y falsas

1. F **2.** F **3.** V **4.** V **5.** F **6.** V **7.** F **8.** V

Sección 2

Identificar contribuciones

1. d **2.** e **3.** f **4.** b **5.** a **6.** c **7.** h **8.** g

Organizar ideas

Agricultura: trigo, vino, aceitunas, quesos y otros productos lácteos; Industria: zapatos, carros, aviones, maquinaria, ropa y sustancias químicas

Apreciar el arte

1. una revolución en el arte en la que los artistas se centraron en la luz y no en el realismo
2. a finales de los 1800s y principios de los 1900s
3. Renoir, Degas y Monet
4. Ha influido en los estilos de la pintura moderna

Revisar hechos

1. fílmica **2.** París **3.** trenes **4.** música
5. católicos romanos **6.** euro **7.** 1789
8. 14 de julio

Sección 3

Identificar hechos mundiales

Primera Guerra Mundial: 2, 3, 5; Segunda Guerra Mundial: 1, 4, 6

Organizar ideas

1. Alemania Oriental: soviéticos; Alemania Occidental: aliados occidentales
2. Alemania Oriental: su economía era pobre; Alemania Occidental: su economía se desarrolló
3. Alemania Oriental: comunista; Alemania Occidental: democrática
4. porque se reunificaron la Alemania Occidental y la Oriental

Identificar eras

1. III **2.** II **3.** IV **4.** I **5.** III **6.** II **7.** III
8. IV **9.** I **10.** III **11.** IV **12.** II **13.** IV
14. II **15.** I

Sección 4

Identificar países

1. c **2.** b **3.** a **4.** e **5.** f **6.** d

Comprender la cultura

1. Los Países Bajos: alemán; norte de Bélgica (Flandes): flamenco; costa e interior de Bélgica (Valonia): francés
2. Luxemburgo y Bélgica: la mayoría son católicos romanos; los Países Bajos: católicos, protestantes y no religiosos
3. muchos de Asia y África
4. productos lácteos, tocino, pescado, comidas condimentadas del Sudeste Asiático, galletas y papas fritas
5. retratos y paisajes (artistas flamencos), experimentación con la luz en la pintura (Rembrandt y Vermeer), pronunciadas pinceladas del pincel y colores brillantes (Van Gogh)

Revisar hechos

1. d **2.** b **3.** c **4.** a **5.** d **6.** b

Sección 5

Ordenar sucesos en secuencia

1. 3 **2.** 5 **3.** 1 **4.** 6 **5.** 2 **6.** 4

Comprender ideas

1. católica romana **2.** alemán
3. La Navidad **4.** Viena **5.** ganado

Ordenar sucesos en secuencia

1. 3 **2.** 5 **3.** 2 **4.** 7 **5.** 1 **6.** 8 **7.** 4
8. 12 **9.** 9 **10.** 6 **11.** 10 **12.** 11

Identificar similitudes y diferencias

1. Ambos países **2.** Suiza **3.** Suiza **4.** Austria
5. Ambos países **6.** Suiza **7.** Ambos países
8. Suiza

CAPÍTULO 15

Sección 1

Identificar lugares

1. e **2.** f **3.** d **4.** c **5.** b **6.** a **7.** h **8.** g

Identificar recursos naturales

1. mar del Norte (comercio y pesca), mar Báltico (rutas de navegación de y hacia Finlandia y Suecia)
2. coníferas, bosques productores de madera (Suecia y Finlandia), suelos fértiles para cultivos de clima frío (todo el norte de Europa)
3. reservas de petróleo y gas natural (mar del Norte), energía geotérmica e hidroeléctrica (Islandia)

Revisar hechos

1. c **2.** b **3.** d **4.** a **5.** c **6.** b

Sección 2

Describir eras

Una potencia mundial: fines de los 1500s hasta los 1800s; una poderosa armada naval protegía las rutas comerciales; se establecieron colonias alrededor del globo; los países se unificaron en torno del Reino Unido; el Imperio Británico cubría casi un cuarto de las áreas terrestres del mundo; grandes reservas de carbón, hierro y el trabajo alimentaron la Revolución Industrial; Declinación del Imperio: alrededor de los 1900s; la Primera y la Segunda Guerras Mundiales y la competencia económica extranjera debilitaron al Reino Unido; Irlanda y las colonias se volvieron independientes; el Reino Unido se volvió un miembro de la UE (Unión Europea), ONU (Naciones Unidas) y OTAN (Tratado del Atlántico Norte)

Comprender ideas

1. glen **2.** granjas **3.** Gales **4.** urbanas **5.** Irlanda del Norte **6.** Norte **7.** Naciones **8.** Londres **9.** República **10.** Escocia **11.** protestante **12.** Ulster **13.** de servicio **14.** Naciones Unidas **15.** Londres

Comprender la cultura

Idiomas: Los estudiantes pueden escoger entre el inglés, el galés y el gaélico; Religiones: Los estudiantes pueden escoger entre la Iglesia de Inglaterra , otras iglesias protestantes, la Iglesia Católica Romana; Comidas: Los estudiantes pueden escoger entre pescado y papas fritas, tortas de avena y potajes; Días festivos: Los estudiantes pueden escoger entre la Navidad y otras fiestas religiosas, el natalicio de la reina y la celebración de la batalla de 1690; Literatura: William Shakespeare; Música: Los estudiantes pueden escoger entre los Beatles, las Spice Girls, Elton John u otro artista

Sección 3

Identificar periodos de tiempo

1. 1916 **2.** 1949 **3.** 1990 **4.** fines de la década de 1990 **5.** 1100 a.C. **6.** 1921 **7.** 1840s

Organizar ideas

1. presidente electo (principalmente para los compromisos ceremoniales) y un parlamento que hace las leyes del país y escoge a un primer ministro que dirige el gobierno
2. inglés y gaélico
3. Los estudiantes pueden escoger entre las danzas folclóricas irlandesas, música irlandesa y el día de San Patricio.
4. catolicismo romano

Identificar ideas

1. d **2.** e **3.** f **4.** g **5.** b **6.** a **7.** c

Sección 4

Identificar capitales

1. Copenhague **2.** Oslo **3.** Estocolmo **4.** Helsinki **5.** Nuuk (o Godthab) **6.** Reikiavik

Describir sitios

Noruega: país angosto, largo y accidentado a lo largo de la costa de Escandinavia; Suecia: entre Finlandia y Noruega; Dinamarca: en la península de Jutlandia cruzando un angosto estrecho desde Suecia y Noruega, y más de 400 islas, incluyendo Groenlandia; Groenlandia: territorio de Dinamarca, pero localizado más cerca de América del Norte que de Dinamarca; Islandia: entre Escandinavia y Groenlandia; Finlandia: país más oriental de Escandinavia, se extiende entre dos brazos del mar Báltico (golfo de Finlandia y golfo de Botnia); Laponia: al norte de Finlandia; Noruega y Suecia

Comprender economías

1. Groenlandia (o Islandia) **2.** Dinamarca **3.** Noruega **4.** Islandia **5.** Suecia **6.** Laponia **7.** Finlandia **8.** Suecia **9.** Noruega **10.** Finlandia

Explicar similitudes

1. Los idiomas nacionales están muy relacionados, con excepción del finlandés.
2. La mayoría de las personas son protestantes, principalmente luteranos.
3. Todos los países tienen gobiernos democráticos.
4. Alto en todos los países debido a la buena asistencia en materia de salud y a los excelentes servicios sociales.

CAPÍTULO 16

Sección 1

Clasificar países

Centro geográfico de Europa: Polonia, República Checa, Eslovaquia, Hungría; Países del Báltico: Estonia, Latvia, Lituania; Países de los Balcanes: Rumania, Moldavia, Bulgaria, Albania, países que formaron parte de Yugoslavia

Comprender ideas

1. Danubio **2.** oeste **3.** La contaminación **4.** oriental **5.** nueve **6.** Negro **7.** El ámbar **8.** Adriático

Identificar accidentes geográficos

1. e **2.** d **3.** f **4.** a **5.** b **6.** c

Identificar recursos naturales

1. Hungría **2.** Rumania **3.** Estonia **4.** Eslovaquia **5.** Polonia

Sección 2

Identificar grupos

1. eslavos **2.** mongoles **3.** magiares **4.** bálticos **5.** alemanes

Comprender la cultura

Días festivos: 3; Comida: 2, 5; Literatura: 6; Música: 1; Ciencia: 4, 7

Identificar periodos de tiempo

1. II **2.** I **3.** I **4.** II **5.** I **6.** IV **7.** III **8.** III

Revisar hechos

1. Eslovaquia **2.** República Checa **3.** Lituania **4.** la antigua Checoslavaquia **5.** Estonia **6.** Hungría **7.** Polonia **8.** Latvia

Sección 3

Reconocer causa y efecto

1. Serbia **2.** rusa **3.** Austria **4.** turcos otomanos **5.** católica romana **6.** Primera Guerra Mundial **7.** austro-húngaros **8.** Hungría

Distinguir un hecho de una opinión

1. H **2.** O **3.** H **4.** O **5.** O **6.** H **7.** O **8.** O

Ordenar sucesos en secuencia

1. 4 **2.** 6 **3.** 2 **4.** 5 **5.** 1 **6.** 3

Organizar ideas

1. Una mezcla de platillos de los griegos mediterráneos, turcos e italianos con aquellos de los eslavos y húngaros; la comida típica griega y turca incluye quesos suaves, yogur, verduras, frutas y nueces.
2. Los conflictos son comunes entre el cristianismo oriental y occidental y el Islam; las principales religiones en la región son el catolicismo romano, el cristianismo ortodoxo y el islamismo.
3. tres ramas principales de las lenguas indoeuropeas, así como lenguas no indoeuropeas y el albanés
4. días festivos religiosos, especialmente islámicos y cristianos, y días festivos nacionales o cívicos que conmemoran batallas y liberación

CAPÍTULO 17

Sección 1

Describir sitios

1. al norte de Rusia **2.** en el sur de Rusia; se extienden desde el mar Negro hasta el mar Caspio **3.** se extienden de la costa ártica en el norte hasta Kazajstán en el sur **4.** al este de los Urales **5.** en el lejano oriente ruso; rodeada por el mar de Ojotsk **6.** en el lejano oriente ruso; separan el mar de Ojotsk del océano Pacífico

Revisar hechos
1. Rusia **2.** El mar Caspio **3.** el monte Elbrus **4.** el río Volga

Identificar ríos
1. c **2.** c **3.** b **4.** a **5.** d **6.** c

Comprender ideas
1. altas **2.** diamante **3.** petróleo **4.** taiga **5.** largos **6.** calientes **7.** estepa **8.** caducos **9.** mineral **10.** mal

Sección 2

Comprender términos
1. rus **2.** tártaros **3.** amigos **4.** países poderosos **5.** productos empleados en el hogar y para el consumo diario **6.** viene de rus, es decir, vikingos, los creadores del primer estado ruso **7.** dimitió o renunció **8.** Comunidad de Estados Independientes; proporciona a las repúblicas antiguas de la Unión Soviética una manera de abordar o tratar problemas comunes

Ordenar sucesos en secuencia
1. 6 **2.** 4 **3.** 5 **4.** 8 **5.** 3 **6.** 1 **7.** 7 **8.** 2

Observar correspondencias
1. ▼ **2.** ▲ **3.** ▼ **4.** ▼ **5.** ▲ **6.** ▲

Revisar hechos
1. d **2.** g **3.** a **4.** b **5.** f **6.** e **7.** h **8.** c

Sección 3

Comprender ideas
1. Tiene la mayoría de la población de Rusia.
2. Tiene las ciudades industriales más grandes.
3. Sus planicies son las zonas agrícolas más productivas del país.
4. Es sede de la capital del país.

Distinguir entre oraciones verdaderas y falsas
1. F **2.** V **3.** F **4.** F **5.** V **6.** F **7.** F **8.** V **9.** V **10.** V **11.** V **12.** F **13.** F **14.** V

Identificar regiones
1. Urales **2.** Volga **3.** Moscú **4.** Volga **5.** Urales **6.** San Petersburgo **7.** Moscú **8.** Urales **9.** San Petersburgo **10.** Moscú **11.** Volga, Urales **12.** San Petersburgo **13.** Moscú **14.** Moscú **15.** San Petersburgo **16.** Urales

Sección 4

Describir una región
Tamaño: cubre más de 5 millones de millas cuadradas del norte de Asia hacia el rumbo del océano Pacífico; cerca de 1.5 veces el área de Estados Unidos; Clima: intenso; inviernos fríos, largos, oscuros y severos con poca nieve; niebla residente durante el invierno; Recursos naturales: madera, grandes yacimientos de minerales y diamantes; grandes depósitos de carbón, petróleo y gas natural

Describir vías férreas
Ferrocarril transiberiano
1. de Moscú a Vladivostok
2. 1891
3. el ferrocarril más largo de una vía; es la única vía de transporte para muchos pueblos siberianos hacia el exterior; afectó los patrones de asentamientos humanos en Rusia

Interurbano Baikal-Amur
1. en muchas cadenas montañosas y ríos de Siberia oriental
2. transporta las materias primas de Siberia hacia otros lugares; estos recursos son la base de la economía de Siberia y son importantes para la economía rusa en general

Revisar hechos
1. d **2.** c **3.** b **4.** a **5.** b **6.** c **7.** a **8.** d

Sección 5

Comparar ciudades
Vladivostok: costa del mar de Japón, en el extremo oriental del ferrocarril transiberiano; 1860; la base naval principal, puerto de embarques pesqueros grandes, que da acceso a los países más importantes de la región del Pacífico, como Japón; Jabárousk: punto donde el ferrocarril transiberiano cruza con el río Amur; 1858; lugar ideal para tratar o procesar la madera y los recursos minerales de la región

Distinguir un hecho de una opinión
1. O **2.** O **3.** H **4.** O **5.** H **6.** O **7.** O **8.** H

Identificar islas
1. A **2.** S **3.** K **4.** K **5.** S **6.** S **7.** A **8.** K

Comprender ideas

1. "Señor del Oriente" **2.** barcos que rompen el hielo de las rutas navegables congeladas **3.** debido a sus costas en el mar de Japón; esto da acceso a los países del Pacífico **4.** templado, lo suficientemente cálido como para realizar algunas labores agrícolas **5.** focas, venado, escasos tigres siberianos y martas

CAPÍTULO 18

Sección 1

Organizar información

1. Dniéper **2.** Monte Elbrus; al norte de una cadena montañosa, en la frontera entre los países del Cáucaso y Rusia **3.** La península; al sur de Ucrania **4.** Bielorrusia; frontera occidental de Rusia **5.** amplia cadena montañosa **6.** país; parte de una región accidentada llamada Cáucaso que está entre el mar Negro y el mar Caspio **7.** Ucrania **8.** pantanos; al sur

Identificar climas

1. estepa **2.** húmedo continental **3.** mediterráneo **4.** templado, semejante al de las Carolinas en Estados Unidos **5.** principalmente estepario **6.** cambia según la elevación

Revisar hechos

1. b **2.** c **3.** d **4.** c **5.** c **6.** a

Sección 2

Identificar grupos

1. rusos **2.** soviéticos **3.** cosacos **4.** mongoles **5.** rusos **6.** misioneros bizantinos **7.** lituanos **8.** mongoles **9.** vikingos **10.** soviéticos **11.** griegos **12.** misioneros bizantinos

Comparar economías

Ucrania: suelos ricos; clima excelente para la agricultura; gran productor de remolacha azucarera; industria alimentaria extrae el azúcar de las remolachas; los agricultores cultivan frutas, papas, verduras y trigo; los granos se convierten en harina; ganadería; máximo productor de acero en el mundo; fábricas de coches, trenes, barcos y camiones; Bielorrusia: la mayor parte de su industria y de sus campos agrícolas se destruyeron en la Segunda Guerra Mundial; dañada por la falla en Chernobyl; dificultades para ajustarse a los cambios económicos; grandes reservas de potasa; la minería y las manufacturas son importantes; uno de los cultivos principales es el lino; ganado y cerdos; grandes bosques que dan madera y productos de papel

Comprender ideas

1. d **2.** e **3.** b **4.** h **5.** a **6.** g **7.** c **8.** f

Sección 3

Organizar información

Georgia: entre el mar Negro y las alturas de los montes Cáucaso; parlamento electo, presidente y primer ministro; el 70 por ciento son georgianos étnicos; georgiano; Armenia: justo al este de Turquía; parlamento electo, presidente y primer ministro; mayoría armenia; armenio; Azerbaiyán: comparte fronteras con Georgia, Armenia y Rusia, se extiende en parte del mar Caspio; parlamento electo, presidente y primer ministro; el 90 por ciento son azeríes; turco

Ordenar sucesos en secuencia

1. 6 **2.** 8 **3.** 2 **4.** 7 **5.** 1 **6.** 4 **7.** 3 **8.** 5

Comprender economías

1. AZ **2.** G **3.** G **4.** A **5.** AZ **6.** G **7.** A **8.** AZ **9.** G **10.** AZ **11.** A **12.** G

Describir problemas

Los estudiantes pueden escoger entre los siguientes: dominación de otras naciones y grupos; desastres naturales; ajustes a las reformas económicas desde el colapso de la Unión Soviética; recursos naturales limitados (excepto Azerbaiyán); guerras financieras y de combatientes (excepto Azerbaiyán); enfrentamientos con las minorías étnicas que quieren la independencia; futuros desacuerdos acerca de los derechos del petróleo y el gas

CAPÍTULO 19

Sección 1

Clasificar características físicas

Montañas: Tian Shan, Pamirs; Desiertos: Kyzyl Kum, Kara-Kum; Ríos: Syr Dar'ya, Amu Dar'ya; Valles: Fergana

Comprender climas

1. fuerte **2.** altas **3.** cálidos **4.** corta **5.** fríos **6.** lluvia

Organizar ideas

1. Syr Dar'ya, Amu Dar'ya
2. para regar cultivos en las llanuras secas
3. porque el mar de Aral no recibe agua suficiente de los ríos
4. los animaron a que los agricultores cultivaran algodón, un cultivo que requiere de mucha agua; también sostuvieron el crecimiento de la población, lo que produjo un aumento en la demanda del agua
5. más del 60 por ciento de su agua se ha perdido y su nivel ha caído a los 50 pies
6. Muchos puertos pesqueros ya no están en sus orillas, porque las áreas del suelo marino están secas y los vientos se llevan el polvo contaminado cientos de millas. Las personas que están en la misma dirección que el viento se perjudican por la sal y los pesticidas del polvo.

Revisar hechos

1. Los oasis **2.** Uzbekistán, Kazajstán **3.** carbón **4.** Kirguizistán **5.** transporten **6.** cobre, uranio **7.** pescado **8.** agua

Sección 2

Ordenar sucesos en secuencia

1. 4 **2.** 3 **3.** 7 **4.** 2 **5.** 6 **6.** 1 **7.** 8 **8.** 5

Evaluar información

Aspectos negativos: Los estudiantes pueden escoger entre los siguientes: el Soviet centralizó el gobierno en Moscú y anuló y controló los consejos locales; los soviéticos forzaron a los nómadas a establecerse en granjas o ranchos colectivos; los soviéticos desalentaron el culto religioso; los soviéticos impusieron el idioma ruso a los ciudadanos; los soviéticos ignoraron las diferencias étnicas; Aspectos positivos: Los estudiantes pueden escoger entre los siguientes: los soviéticos establecieron escuelas públicas e incrementaron la alfabetización; los soviéticos establecieron escuelas y hospitales; los soviéticos mejoraron el derecho a la libertad de las mujeres.

Identificar ideas

1. e **2.** j **3.** g **4.** a **5.** c **6.** h **7.** i **8.** d **9.** f **10.** b

Sección 3

Describir una cultura

Comida de Asia Central: combina las influencias del sudoeste de Asia, Asia nómada y China; arroz, carne asada y el yogur son ingredientes típicos; Literatura de Asia Central: antigua tradición poética (tradición oral); Tradiciones nómadas de Asia Central: los alimentos pueden ser transportados fácilmente, importancia del clanes y tribus, los yurts se emplean como símbolo en las celebraciones, las pertenencias pueden trasladarse con rapidez, las artes son portátiles

Identificar términos y lugares

1. Nauruz **2.** yurt **3.** *kyrgyz* **4.** Tashkent y Samarcanda **5.** mezquitas **6.** alfombras

Identificar países

Kirguizistán: 1, 5, 6, 11; Turkmenistán: 7, 10, 15; Tayikistán: 3, 14; Kasajstán: 4, 9, 12, 16; Uzbekistán: 8,13;

CAPÍTULO 20

Sección 1

Identificar características físicas

1. g **2.** e **3.** i **4.** h **5.** j **6.** f **7.** d **8.** b **9.** a **10.** c

Comprender términos

1. ríos, como el Tigris y el Éufrates, que empiezan en regiones húmedas y luego corren hacia áreas secas **2.** Lechos de ríos secos **3.** Agua que no es repuesta con la lluvia

Distinguir entre oraciones verdaderas y falsas

1. F **2.** F **3.** V **4.** V **5.** F **6.** V **7.** V **8.** F **9.** F **10.** V **11.** F **12.** V

Sección 2

Comprender ideas

1. península Arábiga **2.** islamismo **3.** El petróleo **4.** árabes, árabe **5.** petróleo **6.** ciudades

Revisar hechos

1. un comerciante de un pueblo árabe de La Meca, que decía que había sido nombrado profeta de Alá
2. musulmanes; creen en el Islam que establece una serie de reglas que guían el comportamiento humano
3. los seguidores de la segunda rama más grande del Islamismo
4. seguidores de la rama mayoritaria del Islam
5. observar el viernes como día festivo, visitar La Meca por lo menos una vez en la vida, leer el Corán
6. La religión fomenta la modestia, por tanto, los brazos y las piernas deben cubrirse; los hombres visten camisas largas y turbantes; las mujeres usan capas negras y velos en público.

Identificar países

Kuwait: 3, 11, 14; Bahréin: 5, 12, 16; Qatar: 6, 10; Emiratos Árabes Unidos: 1, 8; Omán: 4, 9; Yemen: 2, 7,13, 15

Sección 3

Ordenar sucesos en secuencia

500 a.C.: 7; 331 a.C.: 4; 600 d.C.: 8; 1258: 2; 1500s :1; 1914–18: 5; 1950s; 6; 1968: 3

Organizar información

1. Ba'ath **2.** Presidente de Irak y líder de las fuerzas armadas **3.** Ha dirigido invasiones a otros dos países, ha construido un gran ejército y una grupo de policía secreta, ha colocado a familiares en importantes puestos del gobierno **4.** Kurdos y chiítas del sur de Irak que se rebelaron contra su gobierno

Describir guerras

Guerra de 1980-1988: Países participantes: Irán, Irak; Causa: Irak invadió a Irán; Resultados: Irán peleó durante 8 años y finalmente expulsó a las fuerzas iraquíes; Efectos económicos: daño a la economía en general, daño a la industria petrolera, menos exportaciones de petróleo; Guerra de 1991: Países participantes: Irak, Kuwait y después una alianza de países dirigidos por Estados Unidos y Gran Bretaña; Causa: Irak invadió Kuwait; Resultados: los aliados enviaron tropas y aviones y obligaron a los iraquíes a salir de Kuwait; Efectos económicos: daño a la economía en general, daño a la industria petrolera, embargo comercial y menos exportaciones de petróleo

Revisar hechos

1. Tigris **2.** árabes **3.** armas **4.** arroz **5.** musulmanes **6.** embargo **7.** Bagdad **8.** asirias **9.** construcción **10.** árabes

Sección 4

Ordenar sucesos en secuencia

1. 5 **2.** 4 **3.** 8 **4.** 1 **5.** 7 **6.** 3 **7.** 6 **8.** 2

Revisar hechos

1. d **2.** b **3.** c **4.** a

Identificar países

1. Irán **2.** Irán **3.** Afganistán **4.** Irán **5.** Afganistán **6.** Afganistán **7.** Irán **8.** Afganistán **9.** Irán **10.** Afganistán **11.** Irán **12.** Irán **13.** Afganistán **14.** Afganistán **15.** Irán **16.** Afganistán **17.** Afganistán **18.** Irán

CAPÍTULO 21

Sección 1

Organizar ideas

1. Turquía, Siria, Líbano, Jordán, Israel
2. Ribera Oeste, Altos del Golán y franja de Gaza

Identificar características físicas

1. d **2.** i **3.** a **4.** h **5.** f **6.** c **7.** j **8.** g **9.** e **10.** b

Describir climas

seco; mediterráneo; desértico; húmedo subtropical

Revisar hechos

1. fosfato **2.** asfalto **3.** subsistencia **4.** azufre **5.** fosfatos **6.** mar Muerto **7.** no **8.** limitada

Sección 2

Clasificar periodos de tiempo

Turquía antigua: 2, 4, 6, 11; imperio otomano: 1, 7, 9; Turquía moderna: 3, 5, 8, 10, 12

Revisar hechos

1. b **2.** c **3.** a **4.** b **5.** c **6.** d

Describir conflictos
El conflicto entre Turquía y Siria e Irak: Turquía empezó a construir grandes presas en los ríos Tigris y Éufrates en los años 1990s; Siria e Irak están corriente abajo y se molestaron de que otro país controlara su fuente de agua en una región desértica; El conflicto entre el gobierno turco y los kurdos: En los 1980s y 1990s algunos kurdos lucharon por independizarse de Turquía; el gobierno turco reprimió la rebelión usando la fuerza militar; El conflicto entre los turcos urbanos de clase media y los turcos de las aldeas: El estilo de vida y la postura de la clase media turca son parecidos a aquellos de las clases medias europeas; por el contrario, los aldeanos son mucho más tradicionales y mantienen sus puntos de vista islámicos.

Sección 3

Describir territorios
La franja de Gaza: pequeño pedazo de tierra costera en la frontera egipcia muy poblada; tiene más de un millón de palestinos; casi no tiene recursos; muy pobre; Los Altos del Golán: área fértil, con pequeñas colinas, en la frontera siria; importante por razones militares; se la anexó Israel en 1981, pero Siria se opuso; La Ribera Oeste: el más grande y el más importante de los territorios ocupados; con una población de unos 6 millones de habitantes; tiene colonias respaldadas por el gobierno israelí; los palestinos rechazan esos poblados

Organizar ideas
1. platillos propios de Europa Oriental y comida del sudoeste asiático; la comida israelí esta influida por las leyes religiosas judías; matzo
2. Sábados; Yom Kippur y Pascua
3. hebreo y árabe
4. porque los judíos de todo el mundo se han refugiado allí
5. primer ministro, parlamento (llamado Knesset), dos partidos políticos principales, muchos partidos pequeños
6. equipo de alta tecnología, corte de diamantes y turismo

Ordenar sucesos en secuencia
1. 6 **2.** 11 **3.** 5 **4.** 14 **5.** 8 **6.** 1 **7.** 15 **8.** 2 **9.** 7 **10.** 4 **11.** 13 **12.** 3 **13.** 10 **14.** 12 **15.** 9

Sección 4

Clasificar países
1. Jordania **2.** Jordania **3.** Siria **4.** Jordania **5.** Líbano **6.** Siria **7.** Líbano **8.** Jordania **9.** Siria **10.** Líbano **11.** Siria **12.** Líbano **13.** Siria **14.** Jordania

Identificar lugares
1. Beirut **2.** Ammán **3.** Damasco **4.** El valle del Jordán **5.** Ammán **6.** Damasco **7.** El valle del Jordán **8.** Beirut

Distinguir entre hecho y opinión
1. O **2.** H **3.** O **4.** O **5.** H **6.** H **7.** O **8.** O **9.** H **10.** H

CAPÍTULO 22

Sección 1

Organizar información
Tamaño: desierto más grande del mundo, casi del tamaño de Estados Unidos; Ergs: inmensos "mares" de dunas de arena que cubren cerca de un cuarto del desierto; Regs: amplias planicies de grava, azotadas por el viento; Montes: Ahaggar en el centro, Atlas en el lado noroeste; Climas: desierto (rangos que fluctúan entre el calor extremo al fresco, con baja humedad, noches húmedas)

Revisar hechos
1. en el mar Mediterráneo **2.** por la unión de los dos ríos, el Nilo Blanco y el Nilo Azul **3.** es como un gran oasis en el desierto **4.** una gran área donde el Nilo se expande como en abanico antes de llegar al mar Mediterráneo **5.** cerca del 99 por ciento de la población egipcia; porque proporciona agua para el riego, para beber, bañarse y otros fines

Comprender ideas
1. oasis **2.** plata **3.** minerales **4.** Las cavidades **5.** península del Sinaí **6.** petróleo, gas **7.** desierto **8.** canal de Suez

Identificar climas

1. desierto; mayor parte de la región **2.** mediterráneo; costa **3.** estepa; entre el clima del Mediterráneo y el del Sahara

Sección 2

Ordenar sucesos en secuencia

1. 9 **2.** 5 **3.** 10 **4.** 6 **5.** 3 **6.** 8 **7.** 12 **8.** 1 **9.** 11 **10.** 7 **11.** 2 **12.** 4

Identificar términos

1. beduinos **2.** Mahoma **3.** faraones **4.** Alejandría **5.** Francia **6.** jeroglífica **7.** Italia **8.** Fez

Revisar hechos

1. c **2.** b **3.** c **4.** d **5.** a **6.** b

Sección 3

Describir ciudades

El Cairo: es la ciudad más grande de Egipto, fue fundada hace más de 1000 años a orillas del Nilo, se localiza en el extremo sur del delta y une las antiguas rutas comerciales entre Asia y Europa, está conectada por tren con los puertos del Mediterráneo y el canal de Suez, tiene una mezcla de edificios modernos y casas hechas de adobe, sobrepoblada, tránsito deficiente y contaminación; Alejandría: es la segunda ciudad más grande de Egipto, se localiza en el delta del Nilo a lo largo de la costa del Mediterráneo, puerto marítimo principal y sede de muchas industrias

Identificar términos

1. f **2.** b **3.** c **4.** d **5.** a **6.** e

Reconocer desafíos

Los estudiantes pueden escoger entre los siguientes: cantidad limitada de tierra cultivable, uso excesivo de fertilizantes, riego excesivo que ha liberado sales que dañan los cultivos, rápido crecimiento de la población, cantidades excesivas de alimentos importados, conflicto sobre el papel de Egipto en el mundo, falta de agua potable, contagio de enfermedades en las ciudades sobrepobladas, bajos niveles de alfabetización, conflicto sobre el papel del Islam.

Comprender ideas

1. debido a que la cantidad de alimento que los agricultores pueden cosechar no es suficiente para la población que crece a gran velocidad y además porque la tierra cultivable cerca del Nilo y en el delta es muy limitada y poco a poco se vuelve estéril. **2.** cultivando su propia comida, trabajando en grandes granjas propiedad de familias poderosas, recibiendo dinero enviado por familiares que trabajan en el extranjero, trabajando en Europa o en el Sudoeste de Asia. **3.** turismo, textiles y petróleo **4.** en la agricultura **5.** verduras, granos y fruta **6.** ha mejorado

Sección 4

Definir términos

1. es alguien que gobierna un país con poder absoluto **2.** es un barrio viejo con fortaleza, que es un laberinto de callejones sinuosos y paredes altas **3.** es una ciudad en la que no se cobran impuestos en las mercancías que ahí se venden **4.** son mercados que se encuentran en la Casbah

Identificar ciudades

1. Tripolí **2.** Casablanca **3.** Argel **4.** Túnez **5.** Bengasi **6.** Tánger

Identificar países

1. Libia **2.** Marruecos **3.** Túnez, Libia, Marruecos y Argelia **4.** Argelia **5.** Libia **6.** Túnez, Libia, Marruecos y Argelia **7.** Marruecos **8.** Túnez, Libia, Marruecos y Argelia **9.** Libia **10.** Túnez, Libia y Argelia **11.** Marruecos **12.** Marruecos **13.** Túnez **14.** Túnez, Libia, Marruecos y Argelia **15.** Libia **16.** Túnez, Libia, Marruecos y Argelia **17.** Marruecos **18.** Argelia

CAPÍTULO 23

Sección 1

Organizar información

Sahara: seco; Sahel: seco, estepario, precipitación anual variable, viento invernal seco y polvoso llamado harmatán; Sabana: algunas veces tiene lluvias regulares; Costa y selva: húmedo tropical, lluvia abundante

Identificar zonas climáticas

1. Sabana **2.** Sahara **3.** Sahara **4.** Sabana **5.** Costa y selva **6.** Sahel **7.** Costa y selva **8.** Sahara

Identificar términos y lugares

1. f **2.** d **3.** b **4.** e **5.** c **6.** a **7.** h **8.** g

Analizar información

1. que los insecticidas con los que pueden controlarse las moscas pueden introducirse en los cultivos y en las reservas de agua
2. rápido crecimiento de la población; los árboles han empezado a ser talados para hacer viviendas para las personas
3. los cultivos no se lograron, las hierbas se murieron, el sobrepastoreo y la explotación forestal aflojaron el suelo fértil que fue arrastrado, el Sahara se expandió hacia el sur y muchas personas y animales murieron

Sección 2

Revisar hechos

1. Malí **2.** Songhay **3.** Ghana **4.** Songhay **5.** Ghana **6.** Songhay **7.** Malí **8.** Ghana **9.** Malí **10.** Ghana

Ordenar sucesos en secuencia

1. 7 **2.** 9 **3.** 3 **4.** 6 **5.** 10 **6.** 2 **7.** 4 **8.** 1 **9.** 8 **10.** 5

Identificar desafíos

Los estudiantes pueden escoger entre alguno de los siguientes: conflictos y lealtades divididas a causa de los límites de los colonizadores europeos, quienes ignoraron la geografía humana; gobiernos de líderes poco experimentados después de la independencia; dictadores; guerras civiles; gobiernos militares; altos índices de natalidad; tierra fértil insuficiente; ciudades sobrepobladas en constante crecimiento y donde hay poco trabajo; educación inaccesible; analfabetismo

Describir una cultura

Idiomas: cientos de idiomas, junto con las lenguas de los colonizadores (como el francés y el inglés), se hablan al igual que las lenguas de África Occidental, como el fula y el hausa; Religiones: el animismo es la religión principal en algunas áreas aisladas; el islamismo es la religión principal en el Sahel; hay muchos cristianos en el sur; Vestimenta: en las ciudades se usa el estilo occidental; ropa tradicional con estampados coloridos y de tela de algodón; prendas holgadas y de mucho vuelo; las mujeres usan tocados; los hombres se ponen turbantes, tanto hombres como mujeres llevan velos protectores; Casas: las casas rurales son pequeñas y simples; muchas casas en el Sahel y la sabana son redondas; las chozas o cabañas están hechas de barro, adobe o paja, con techos de paja o lámina; las ciudades tienen algunos edificios modernos.

Sección 3

Clasificar países

Mauritania: 1, 7, 12; Malí: 5, 8, 11; Níger: 2, 6, 13; Chad: 4, 10; Burkina Faso: 3, 9, 14

Describir desafíos

Sequía: obliga a los nómadas a abandonar su forma de vida y trasladarse a las ciudades sobrepobladas con poco trabajo, alimentar a la población se vuelve más difícil; Pobreza: aumenta la difusión de las enfermedades y la presencia del analfabetismo; decrece la esperanza de vida junto con la calidad de vida, aumenta la mortalidad infantil, las orillas de las ciudades están llenas de barracas y casuchas; Falta de recursos naturales: hay pocas oportunidades para las personas para ganarse la vida, aumento de la pobreza; Falta de tierras para cultivar: se reduce el número de personas que pueden vivir de la agricultura, impide que los países tengan una agricultura de rentable a comercial; se vuelve necesario importar alimentos para dar de comer a las personas

Identificar términos

1. mijo y sorgo **2.** malaria **3.** alimento básico (o mijo o sorgo) **4.** moros

Sección 4

Identificar ciudades

1. Dakar **2.** Monrovia **3.** Lagos **4.** Abuja

Revisar hechos

1. a **2.** d **3.** c **4.** b

Clasificar países

1. SE, GA **2.** CV **3.** GH **4.** LI **5.** LI **6.** CM **7.** NI **8.** CV **9.** GA **10.** GB **11.** NI **12.** TB **13.** NI **14.** SE **15.** GB **16.** NI **17.** LI **18.** NI **19.** SE, GA **20.** NI

CAPÍTULO 24

Sección 1

Revisar hechos

1. c **2.** a **3.** b **4.** d **5.** c **6.** a

Organizar información

1. un valle largo y profundo con planicies o montañas a cada lado
2. inicia en el mar Rojo, continúa al sur por Eritrea y Etiopía hasta el sur de Tanzania

3. se extiende del lago Alberto en el norte al lago Malawi en el sur
4. desde el aire, como un farallón gigante; escarpados acantilados que se precipitan miles de pies hasta el suelo del valle
5. que las placas de la Tierra se separen unas de otras
6. porque los valles de la grieta están en una sombra lluviosa, pero hay caídas de lluvia a grandes elevaciones y están rodeados de planicies y montañas

Identificar ríos y lagos

1. LV **2.** LN **3.** NB, NA **4.** LN **5.** NA
6. GL **7.** RN **8.** NB **9.** LV **10.** RN

Sección 2

Identificar conquistadores

1. c **2.** f **3.** b **4.** g **5.** h **6.** a **7.** d **8.** e

Identificar términos y lugares

1. Kenia **2.** diputados africanos **3.** Meroë
4. suahili **5.** Zanzíbar **6.** Nubia

Organizar información

Desafíos: los estudiantes pueden escoger entre los siguientes: una población que crece más rápido que la economía; ciudades superpobladas sin trabajos suficientes; problemas políticos que desaniman la inversión extranjera y perjudican el crecimiento económico; límites políticos que datan de la era colonial y que no toman en cuenta las afiliaciones étnicas y otros aspectos; Conflictos: conflictos entre los musulmanes y los cristianos en el norte; conflicto étnico entre Ruanda y Burundi entre los tutsi y los hutu

Sección 3

Analizar similitudes

1. Ambos países son principalmente agrícolas.
2. debido a los parques nacionales donde ellos pueden ver la vida salvaje y otras características físicas como el Monte Kilimanjaro.
3. Ambas han sido violentas y han causado la pérdida de muchas vidas; en ambas han estado involucrados dos grupos rivales; ambas han empeorado por las complejidades políticas.

Comparar y contrastar

Sudán Central: sabanas secas; El Sudd: enorme pantano donde el Nilo se divide en cientos de canales pequeños; Punto de vista británico sobre la tierra: como un signo de riqueza personal, poder y propiedad; Punto de vista kikuyu sobre la tierra: como una fuente de alimentos, y no como algo que se puede vender y comprar

Identificar países

Kenia: 3, 7, 9; Tanzania: 1; Ruanda y Burundi: 2, 8, 10; Uganda: 4, 6; Sudán: 5

Sección 4

Comprender ideas

1. cuenca **2.** Uganda **3.** Etiopía **4.** Eritrea
Significado: "cuerno": todos los lugares que se mencionan en el ejercicio están en una región llamada el Cuerno de África porque parece el cuerno de un rinoceronte que apunta hacia la península Arábiga

Revisar hechos

1. cristianas **2.** Eritrea **3.** Etiopía **4.** el café
5. sabanas **6.** Somalia **7.** 1977 **8.** bajas
9. Las montañas **10.** somalí

Identificar países

1. Djibouti **2.** Etiopía **3.** Somalia
4. Etiopía **5.** Somalia **6.** Djibouti
7. Etiopía **8.** Djibouti **9.** Somalia
10. Djibouti **11.** Eritrea **12.** Somalia
13. Djibouti **14.** Eritrea **15.** Djibouti
16. Etiopía **17.** Eritrea **18.** Somalia

CAPÍTULO 25

Sección 1

Describir climas

1. seco estepario y desértico **2.** tierras altas
3. húmedo tropical **4.** sabana tropical

Organizar información

Dosel: en la capa más alta de los árboles las ramas se extienden; Animales: antílopes pequeños, hienas, elefantes y okapis; insectos en el suelo del bosque; pájaros, monos, murciélagos y serpientes en los árboles; Problemas: la tala o el desmonte para cultivar la tierra y obtener madera amenaza las plantas, los animales y a las personas que viven allí

Identificar términos y lugares

1. g **2.** k **3.** e **4.** l **5.** d **6.** c **7.** h **8.** a **9.** f **10.** i **11.** j **12.** b **13.** n **14.** m

Sección 2

Ordenar sucesos en secuencia

1. 4 **2.** 6 **3.** 7 **4.** 5 **5.** 1 **6.** 8 **7.** 3 **8.** 2

Comprender religiones

Islamismo: en el norte, cerca de los principales países musulmanes del Sahel; en Zambia; Catolicismo romano: en las antiguas colonias de Francia, España y Portugal; Cristianismo protestante: en las antiguas colonias británicas

Resolver problemas

1. peleas entre los grupos étnicos; sostener pláticas de paz, redefinir las fronteras de los países para adaptarlas a las diferencias étnicas
2. subexplotación de los recursos naturales; obtener inversión extranjera para desarrollar los recursos naturales
3. detener la diseminación de enfermedades; obtener ayuda extranjera para la educación en salud pública

Revisar hechos

1. d **2.** d **3.** a **4.** c **5.** b **6.** c

Sección 3

Ordenar sucesos en secuencia

1482: 5; 1870s: 6; 1908: 2; 1909-1959: 8; 1960: 4; 1965: 3; 1971: 7; 1997: 1

Comprender ideas

1. católica romana **2.** Kinshasa **3.** comercio **4.** francés **5.** kongo **6.** independencia **7.** Lubumbashi **8.** Guerra Fría **9.** Kinshasa **10.** guerra civil **11.** República Democrática del Congo **12.** cobre **13.** minas **14.** étnicos

Analizar información

Fortalezas: tamaño; población enorme/gran fuerza de trabajo; capital en el río Congo, con acceso a la costa del océano Atlántico, muchos minerales; selvas tropicales; Debilidades: pobreza, guerra civil, gobierno inestable, crimen, ciudades superpobladas, barriadas, caminos y ferrocarriles inadecuados, servicios de salud pobres, analfabetismo; Futuro: bueno si se desarrollan los recursos naturales, si se obtiene inversión extranjera y si se mejoran los servicios de salud y las escuelas

Sección 4

Identificar ciudades

1. Yaundé **2.** Brazzaville **3.** Brazzaville **4.** Duala **5.** Luanda **6.** Brazzaville **7.** Luanda **8.** Luanda

Describir economías

Norte de África Central: las personas se trasladan de las áreas rurales a las ciudades en busca de trabajo; Duala es un puerto marítimo importante; la economía de Gabón está basada en el petróleo; Camerún y la República Democrática del Congo dependen del petróleo; el río Congo es importante para la economía de la región; Sur de África Central: la mayoría de las personas son pastores y agricultores en las áreas rurales; Angola es moderna, pero pobre y desgastada por la guerra; Angola tiene yacimientos de petróleo; Zambia tiene minas de cobre, pero muchas personas son agricultores; Zambia obtiene electricidad de las presas y plantas de energía a lo largo de los ríos; la mayoría de los habitantes de Malawi son agricultores, construcción lenta de fábricas e industrias; la ayuda extranjera es esencial

Identificar países

1. Angola **2.** Malawi **3.** Zambia, Malawi **4.** Angola **5.** Malawi **6.** Camerún **7.** Zambia, Malawi, Angola **8.** Angola **9.** Guinea Ecuatorial **10.** Zambia, Angola **11.** Santo Tomé y Príncipe **12.** Angola **13.** Camerún **14.** República Centroafricana **15.** Gabón **16.** Zambia **17.** Santo Tomé y Príncipe **18.** Gabón

CAPÍTULO 26

Sección 1

Identificar países

Países de la costa: Namibia, Sudáfrica, Mozambique; Países sin salida al mar: Botswana, Zimbabwe, Lesotho, Swazilandia; Enclaves: Lesotho, Swazilandia; Isla: de Madagascar

Describir climas

1. llevan humedad del océano Índico; suben por las montañas Drakensberg e Inyanga, hacen lluviosas a las laderas del este
2. en el Cabo de Buena Esperanza
3. mediterráneo
4. semiárido, con vegetación de estepa y sabana

Definir términos

1. áreas bajas y planas que alguna vez fueron regadas por antiguas corrientes 2. áreas abiertas de pastizales en Sudáfrica 3. países rodeados o casi rodeados por otros países

Revisar hechos

1. g 2. e 3. f 4. h 5. b 6. c 7. d 8. a

Identificar recursos

Los estudiantes pueden escoger entre los siguientes: oro, platino, cobre, diamantes, uranio, carbón y mineral de hierro; tierras fértiles para la agricultura; enormes planicies altas para el pastoreo de ganado; el Parque Nacional Kruger; ríos que generan energía hidroeléctrica

Sección 2

Identificar grupos

1. SH 2. KH 3. SW 4. SH 5. EB 6. KH 7. SH 8. SW 9. KH 10. SW 11. KH 12. EB

Clasificar información

Portugueses: 1, 9, 12; Británicos: 2, 7, 11, 14; Holandeses: 5, 10; Bóers: 3, 6, 8, 13; Zulús: 4

Comprender ideas

1. los primeros pobladores de Madagascar fueron de Asia, no de África
2. sopla del océano Índico a la costa este de África del Sur de noviembre a febrero, y de mayo a septiembre hacia Asia; permitió viajes comerciales regulares entre los dos continentes
3. los descendientes blancos de los colonizadores originales
4. una mezcla de los idiomas holandés, khoisan, bantú y malayo

Sección 3

Revisar hechos

1. c 2. d 3. a 4. b 5. d 6. c

Describir una cultura

hay once idiomas oficiales, el inglés se habla en muchas zonas; vinos finos del área de Ciudad del Cabo; estilo de cocina único basado en platos holandeses, malayos y africanos; vívidas tradiciones en la literatura y las artes; diseños étnicos en ropa y otros productos

Organizar información

Definición: política de separar a las personas diferentes en Sudáfrica; Grupos: blancos, de color, asiáticos y negros; Trato: sin derechos en áreas de blancos; tierras, vivienda, educación y atención médica debajo del estándar o inexistentes; residencia obligada en la tierra natal o en municipios; prisión o exilio obligado a quienes protesten; falta de oportunidades para poseer recursos; Reacciones: prohibiciones comerciales, con negación de inversiones, sanciones, años de violencia en Zimbabwe, violenta resistencia en Namibia; Razones: protesta internacional, aislamiento, daños económicos y protestas internas; Efectos duraderos: crecimiento económico lento, discriminación continua, los blancos son más ricos que la mayoría de los negros, riqueza e industria mineral propiedad en su mayor parte de los blancos, oportunidades desiguales, deficiencias en la división, entre los negros, de la tierra cultivable propiedad de los blancos

Sección 4

Identificar ciudades

1. d 2. a 3. c 4. b 5. f 6. e

Revisar hechos

1. portugués 2. Zimbabwe 3. Madagascar 4. cristianos 5. Namibia 6. malgache 7. Botswana 8. inglés 9. tapices 10. Alemania 11. tswana 12. Mozambique

Clasificar países

Namibia: 4, 9; Botswana: 2, 6, 11; Zimbabwe: 1, 8, 10; Mozambique: 3, 7; Madagascar: 5, 12

CAPÍTULO 27

Sección 1

Comprender ideas

1. Mongólica 2. Taklimakan, Turpan 3. llanura del norte de China 4. Himalaya 5. Huang He 6. Tíbet 7. Gobi 8. Everest 9. Tian Shan, montañas Altái 10. diques 11. Chang o Yangtze 12. Gran Jingan 13. Gran Canal 14. río Xi

Identificar climas
1. c **2.** b **3.** a **4.** d

Revisar hechos
1. c **2.** d **3.** b **4.** a

Sección 2

Clasificar dinastías
Dinastía qin: 3, 8, 9; Dinastía han: 4, 6, 7; Dinastía ming: 2, 5; Dinastía qing: 1, 10

Identificar líderes
1. CK **2.** CK **3.** SY **4.** MZ **5.** GK **6.** MZ **7.** CS **8.** SY **9.** SG **10.** CS **11.** CK **12.** MZ

Revisar hechos
1. suroeste **2.** la acupuntura **3.** la educación **4.** la prensa **5.** mandarín **6.** cantonesa **7.** cuentos **8.** han

Sección 3

Comprender ideas
1. V **2.** F **3.** F **4.** V **5.** F **6.** V **7.** F **8.** V **9.** V **10.** F **11.** F **12.** V

Identificar ciudades
1. Hong Kong **2.** Macao **3.** Guangzhou **4.** Chongqing **5.** Macao **6.** Nanjing y Wuhan **7.** Beijing **8.** Hong Kong **9.** Shanghai **10.** Beijing **11.** Hong Kong **12.** Beijing

Comprender una economía

1. el gobierno es propietario de la mayoría de las industrias y toma casi todas las decisiones económicas
2. porque más del 50 por ciento de los trabajadores viven de la agricultura, y porque en China se cultiva suficiente alimento para alimentar a toda su población.
3. cosechar dos o tres cultivos cada año en la misma tierra
4. porque el clima cálido y húmedo es mejor para la agricultura y el cultivo múltiple
5. antes la economía se basaba casi por completo en la agricultura; después, la economía se basó tanto en la agricultura como en la industria

Sección 4

Ordenar sucesos en secuencia
1. 3 **2.** 4 **3.** 6 **4.** 2 **5.** 1 **6.** 5

Ordenar sucesos en secuencia
los 500s a.C.: 4; los 1100s: 6; fines de los 1500s: 5; mediados de los 1600s: 2; 1895: 1; 1949: 3

Identificar países
1. Taiwán **2.** Mongolia **3.** Taiwán **4.** Mongolia **5.** Mongolia **6.** Taiwán **7.** Mongolia **8.** Mongolia **9.** Taiwán **10.** Mongolia **11.** Taiwán **12.** Mongolia **13.** Taiwán **14.** Taiwán **15.** Mongolia **16.** Taiwán **17.** Taiwán **18.** Mongolia **19.** Taiwán **20.** Taiwán

CAPÍTULO 28

Sección 1

Identificar lugares
1. península de Corea **2.** Japón **3.** península de Corea **4.** península de Corea **5.** Corea del Norte **6.** Japón **7.** Japón **8.** Corea del Norte

Comprender ideas
1. China **2.** Corea del Norte; Corea del Sur **3.** 3,500 **4.** Japón **5.** Hokkaido; Honshu; Shikoku; Kyushu **6.** Ryukyu **7.** actividad volcánica **8.** Alpes japoneses

Reconocer causa y efecto
1. Los terremotos submarinos
2. Korea no está en una zona de subducción
3. El clima húmedo continental **4.** inviernos templados

Organizar ideas

1. porque está localizado a lo largo de una zona de subducción
2. su terreno montañoso y sus ríos

Sección 2

Revisar hechos
1. a **2.** c **3.** b **4.** b **5.** c **6.** a

Organizar ideas

1. Japón empieza a construir un imperio alrededor de 1900 para obtener recursos. Japón se anexó Corea en 1910 y después se apoderó del noreste de China. A finales de la década de 1930, Japón continuó su expansión a Asia.
2. Japón fue un aliado de Alemania e Italia durante la Segunda Guerra Mundial. Involucró a Estados Unidos en la guerra al atacar Pearl Harbor. Japón conquistó buena parte del Sudeste Asiático y muchas islas del Pacífico antes de ser derrotado. Con el final de la Segunda Guerra Mundial, Japón perdió su imperio.

Identificar términos

1. c **2.** f **3.** a **4.** d **5.** b **6.** e **7.** g

Ordenar sucesos en secuencia

1. 2 **2.** 10 **3.** 5 **4.** 7 **5.** 8 **6.** 12 **7.** 11 **8.** 4 **9.** 9 **10.** 1 **11.** 6 **12.** 3

Sección 3

Comprender ideas

1. en suburbios **2.** la occidental **3.** las casas son pequeñas **4.** porque tiene pocos recursos naturales **5.** Honshu

Revisar hechos

1. más densamente **2.** Sólo cerca del 11 por ciento **3.** pocos **4.** Más del 99 por ciento **5.** futones **6.** Cerca de un tercio **7.** La industria pesquera **8.** más chica

Identificar lugares

1. Tokyo **2.** región de Kansai **3.** Osaka **4.** Kyoto **5.** Tokyo **6.** Kobe

Identificar términos

1. e **2.** a **3.** c **4.** b **5.** f **6.** h **7.** d **8.** g

Sección 4

Clasificar ideas

Corea antigua: 2, 6, 8; Corea en la época moderna: 1, 3, 5; Corea desde la Segunda Guerra Mundial: 4, 7

Revisar hechos

1. b **2.** b **3.** a **4.** c **5.** c **6.** b

Distinguir un hecho de una opinión

1. H **2.** H **3.** O **4.** O **5.** H **6.** O **7.** H **8.** H

Sección 5

Identificar ideas

1. V **2.** V **3.** F **4.** F **5.** V **6.** V **7.** F **8.** V

Organizar ideas

1. Corea del Sur es técnicamente una democracia, pero estuvo gobernada por dictadores militares hasta finales de la década de 1980. Mas recientemente, Corea del Sur introdujo un gobierno multipartidista democrático, que dirige el desarrollo económico pero no posee negocios o propiedades. Por otro lado, el gobierno de Corea del Norte es controlado por el partido comunista. El gobierno planea la economía, controla lo que se produce y es propietario de toda la tierra y la vivienda.
2. Corea del Norte sólo tiene tecnología anticuada, y por lo tanto, a diferencia de Corea del Sur , no puede producir los bienes de alta calidad requeridos para competir internacionalmente.

Comprender ideas

1. Los refugiados huyeron en busca de trabajo y vivienda. **2.** democracia multipartidista **3.** sólo los hijos varones pueden asumir el nombre de la familia y hacerse cargo de honrar a los antepasados **4.** cristianismo **5.** enormes grupos de negocios con lazos familiares y personales **6.** menos del 20 por ciento **7.** 513 **8.** en autobús o en el sistema de trenes subterráneos **9.** economía de mando **10.** grupos de agricultores que trabajan la tierra juntos

CAPÍTULO 29

Sección 1

Revisar hechos

1. c **2.** b **3.** a **4.** d **5.** c **6.** b

Reconocer causa y efecto

1. lluvias intensas **2.** clima seco **3.** intensas lluvias y fuertes vientos a los países insulares

Describir bosques tropicales

Plantas: cerca de 40,000 clases de plantas florecientes, una increíble gama de otros tipos de plantas, muchas de las cuales en peligro; Animales: rinocerontes, orangutanes, tigres, elefantes y otros, muchos de los cuales en peligro; Problemas: los bosques tropicales se talan para obtener maderas tropicales, tierra cultivable y sitios para la minería; esto destruye plantas raras y animales rápidamente

Comprender ideas

1. d **2.** a **3.** b **4.** a **5.** c **6.** c

Sección 2

Comprender la cultura

1. e **2.** j **3.** c **4.** i **5.** d **6.** h **7.** b **8.** f **9.** a **10.** g

Describir gobiernos

Muchos países han sido gobernados por dictadores; en la mayoría de los países, las personas tienen poca voz dentro de sus gobiernos; las Filipinas, Indonesia y Singapur convocan a elecciones; Vietnam y Laos tienen gobiernos comunistas; Myanmar tiene un gobierno militar severo.

Organizar información

Khmer: desarrolló la sociedad más avanzada en el antiguo Sudeste Asiático, estableció un imperio cuyo centro era Angkor en la actual Camboya, y controló una gran área desde los inicios de los 800s a.C. hasta mediados de los 1200s; Europa: estableció colonias en los 1500s, controló gran parte de la región en los 1800s, luchó para prevenir que sus colonias ganaran su independencia; Estados Unidos: ganó el control a España de las Filipinas después de la guerra hispano-americana, concediendo la independencia a Filipinas en 1946

Ordenar sucesos en secuencia

1. 6 **2.** 5 **3.** 4 **4.** 2 **5.** 1 **6.** 3

Sección 3

Clasificar países

1. V **2.** L **3.** T **4.** T **5.** L **6.** T **7.** V **8.** M **9.** L **10.** C **11.** M **12.** T **13.** L **14.** M **15.** V **16.** L

Identificar capitales

1. e **2.** c **3.** d **4.** a **5.** b

Organizar ideas

1. en áreas rurales **2.** cerca de los deltas de los ríos más grandes **3.** Yangon, la ciudad de Ho Chi Minh, Bangkok y Hanoi **4.** ruidosas, sobrepobladas y con smog **5.** porque las personas de las áreas rurales se trasladan a las ciudades en busca de trabajo **6.** Bangkok **7.** en los deltas de los dos ríos más grandes **8.** en los valles fértiles y deltas de los ríos

Sección 4

Ordenar sucesos en secuencia

1946: 3; 1949: 5; 1963: 6; 1965: 1; 1984: 4; 1990s: 2

Clasificar países

Brunei: 5, 12; Indonesia: 1, 8, 11, 7; Malasia: 4, 6, 9, 14; Filipinas: 2, 10, 15; Singapur: 3, 13

Identificar ciudades

1. Manila **2.** Kuala Lumpur **3.** Singapur **4.** Jakarta **5.** Singapur **6.** Jakarta **7.** Manila **8.** Kuala Lumpur **9.** Singapur **10.** Jakarta

CAPÍTULO 30

Sección 1

Clasificar accidentes geográficos regionales

Los Himalaya: 1, 4, 7, 11; planicie Gangética: 5, 6, 10, 7, 12; meseta del Decán: 2, 3, 8, 9

Describir un río

1. laderas del sur de los Himalaya **2.** Bahía de Bengala **3.** "río Madre" **4.** Depósitos de cieno y ha creado ricas tierras de cultivo

Revisar hechos

1. c **2.** b **3.** b **4.** d **5.** d **6.** a **7.** b **8.** c

Sección 2

Identificar líderes

1. A **2.** G **3.** G **4.** A **5.** B **6.** B **7.** G **8.** A **9.** B **10.** G **11.** A **12.** A

Reconocer causas

1. por la rebelión de la India **2.** se abalanzaron sobre la frontera **3.** necesitaban organizar sus protestas **4.** Los británicos gobernaron temerosos de ellos **5.** Los musulmanes querían un estado separado **6.** fue establecido en Delhi y su monarca era conocido como sultán

Revisar hechos

1. Británico **2.** Imperio mogol **3.** Pakistaníes **4.** sultanato de Delhi **5.** Imperio mogol **6.** Británico **7.** Harappan **8.** Imperio Mogol **9.** indoarios **10.** sultanato de Delhi **11.** Británico **12.** Británico

Sección 3

Revisar hechos

1. hindi **2.** Cachemira **3.** Los intocables **4.** el hinduismo **5.** fílmica **6.** no se fundaron **7.** Las castas **8.** democrático

Distinguir un hecho de una opinión

1. O **2.** H **3.** O **4.** O **5.** H **6.** H

Identificar religiones

1. los sikhs **2.** budismo **3.** los sikhs **4.** hinduismo **5.** hinduismo, budismo, jainismo, los sikhs **6.** hinduismo **7.** jainismo **8.** hinduismo **9.** los sikhs **10.** los sikhs **11.** budismo **12.** hinduismo **13.** los sikhs **14.** budismo

Analizar una economía

Tradicional: la mayoría de las personas son agricultoras y cultivan la tierra como hace cientos de años; el país no tiene suficientes caminos y sistemas de telecomunicaciones buenos; Moderno: fábricas modernas e industrias de servicio con alta tecnología.

CAPÍTULO 31

Sección 1

Identificar términos

1. b **2.** e **3.** d **4.** c **5.** a **6.** f

Describir climas

1. uno de los más húmedos del mundo **2.** caliente y húmedo en verano **3.** frío **4.** caliente y seco (desértico)

Identificar países

1. Bhután **2.** Nepal **3.** Pakistán **4.** Bangladesh **5.** Pakistán **6.** Nepal **7.** Bangladesh **8.** Sri Lanka **9.** Bangladesh **10.** Las Islas Maldivas **11.** Nepal **12.** Bangladesh **13.** Las Islas Maldivas **14.** Nepal **15.** Sri Lanka **16.** Pakistán **17.** Las Islas Maldivas **18.** Pakistán **19.** Pakistán **20.** Sri Lanka

Sección 2

Organizar información

1. 2 **2.** 5 **3.** 4 **4.** 1 **5.** 3

Ordenar sucesos en secuencia

1. 2 **2.** 5 **3.** 4 **4.** 6 **5.** 3 **6.** 1

Comprender países

Pakistán: religión mayoritaria: islamismo, otras religiones: cristianismo, budismo e hinduismo; tamaño: el noveno más largo en el mundo; distribución: un tercio en áreas urbanas; lenguaje: urdu; Bangladesh: religión mayoritaria: islamismo; otras religiones: hinduismo; tamaño: un tercio de los Estados Unidos; distribución: el 20 por ciento en las ciudades; lenguaje: bengalí

Comparar y contrastar

Pakistán: las familias se relacionan principalmente a través de padres y hermanos, mientras que las mujeres se unen a la familia de sus maridos cuando se casan; los padres generalmente arreglan los matrimonios; los padres de las mujeres por lo regular pagan una gran cantidad de dinero a la familia del hombre; Bangladesh: las unidades familiares están formadas por personas relacionadas por padres y hermanos; muchas mujeres casadas mantienen lazos importantes con sus propios hermanos y padres; los padres arreglan los matrimonios; muchas de las parejas que se casan no se conocen entre sí antes de la boda

Revisar hechos

1. c **2.** a **3.** d **4.** b

Sección 3

Identificar capitales

1. Katmandú **2.** Timbu **3.** Colombo **4.** Malé

Identificar términos

1. sherpas **2.** stupas **3.** grafito **4.** atolón **5.** yute

Revisar hechos

1. El turismo **2.** Las Maldivas **3.** La minería **4.** musulmanes **5.** agricultura **6.** tamiles **7.** casta **8.** Sri Lanka

Clasificar países

Nepal: 2, 3, 6, 12; ambos países: 1, 5, 7, 10, 11, 14; Bhután: 4, 8, 9, 13

CAPÍTULO 32

Sección 1

Describir un continente

Respuestas posibles: **1.** el continente más pequeño del mundo **2.** el continente más llano del mundo **3.** el continente más bajo del mundo **4.** es el único continente que también es un país

Clasificar accidentes geográficos regionales

Tierras altas orientales: 1, 4, 6; Tierras bajas centrales: 3; Meseta occidental: 2, 5

Identificar términos

1. especies endémicas **2.** marsupiales **3.** rugby **4.** arrecife coralino **5.** interior **6.** pozos artesianos **7.** eucalipto **8.** matorrales

Ordenar sucesos en secuencia

1. 4 **2.** 6 **3.** 2 **4.** 1 **5.** 5 **6.** 3

Revisar hechos

1. el arrecife de coral más grande del mundo
2. estepa, desierto, húmedo, mediterráneo,
3. oro, mineral de hierro, bauxita, carbón mineral, gas natural, petróleo, gemas
4. británico o europeo
5. Sidney, Melbourne **6.** lana

Sección 2

Describir un país

1. Alpes del Sur **2.** mineral de hierro, carbón, gas natural, oro **3.** maorí **4.** dirigido por un primer ministro y un parlamento electo que hace las leyes de la nación **5.** Wellington **6.** Isla del Norte **7.** Auckland **8.** lana, carne, productos lácteos, trigo, kiwi, manzanas **9.** Japón, Estados Unidos, el Reino Unido **10.** la banca, seguros y el turismo **11.** inglés **12.** cristianismo

Revisar hechos

1. c **2.** d **3.** d **4.** a **5.** b **6.** c **7.** a **8.** b

Ordenar sucesos en secuencia

1. 5 **2.** 3 **3.** 7 **4.** 2 **5.** 6 **6.** 1 **7.** 8 **8.** 4

CAPÍTULO 33

Sección 1

Identificar islas

1. Islas bajas **2.** Islas altas **3.** Islas altas **4.** Islas bajas **5.** Islas bajas **6.** Islas altas **7.** Islas altas **8.** Islas bajas **9.** Islas bajas **10.** Islas altas **11.** Islas altas **12.** Islas bajas

Describir un continente

1. más alto, más seco, más ventoso, más frío **2.** tundra **3.** focas, ballenas **4.** mineral de hierro, cobre y oro **5.** hielo **6.** krill

Identificar ideas

1. d **2.** h **3.** f **4.** a **5.** e **6.** g **7.** c **8.** b

Sección 2

Ordenar sucesos en secuencia

1. 4 **2.** 3 **3.** 1 **4.** 5 **5.** 6 **6.** 2

Comprender ideas

1. F **2.** V **3.** V **4.** F **5.** F **6.** V **7.** V **8.** F **9.** V **10.** F **11.** F **12.** V **13.** V **14.** F

Clasificar regiones

Melanesia: 2, 3, 5, 7, 8, 10, 11, 12;
Micronesia: 1, 4, 7, 8, 9, 12;
Polinesia: 3, 6, 7, 8, 12

Sección 3

Revisar hechos

1. a **2.** b **3.** c **4.** d **5.** a **6.** b

Describir descubrimientos

1. crecientes niveles de dióxido de carbono en la atmósfera **2.** Adelgazamiento de la capa de ozono sobre la Antártida **3.** Anticongelante natural en un pez

Identificar lugares

1. Palmer **2.** polo Sur **3.** Gran Bretaña **4.** McMurdo

Distinguir un hecho de una opinión

1. H **2.** O **3.** H **4.** H **5.** O **6.** O